生活因阅读而精彩

生活因阅读而精彩

BE OPTIMISTIC IN HARD ENVIRONMENT

人在囧途，心在乐途
无法改变窘境时改变心境

何静恒 / 编著

中国华侨出版社

图书在版编目(CIP)数据

人在囧途,心在乐途:无法改变窘境时改变心境 / 何静恒编著. —北京:中国华侨出版社,2013.4

ISBN 978-7-5113-3440-4

Ⅰ.①人… Ⅱ.①何… Ⅲ.①成功心理-通俗读物 Ⅳ.①B848.4-49

中国版本图书馆CIP数据核字(2013)第061656号

人在囧途,心在乐途:无法改变窘境时改变心境

编　　著 / 何静恒
责任编辑 / 宋　玉
责任校对 / 孙　丽
经　　销 / 新华书店
开　　本 / 787×1092毫米　1/16开　印张/17　字数/227千字
印　　刷 / 北京建泰印刷有限公司
版　　次 / 2013年5月第1版　2013年5月第1次印刷
书　　号 / ISBN 978-7-5113-3440-4
定　　价 / 29.80元

中国华侨出版社　北京市朝阳区静安里26号通成达大厦3层　邮编:100028
法律顾问:陈鹰律师事务所
编辑部:(010)64443056　64443979
发行部:(010)64443051　传真:(010)64439708
网址:www.oveaschin.com
E-mail:oveaschin@sina.com

前 言
PREFACE

  人生就像一场旅行,从来都没有一帆风顺。在旅途中,我们会遇到这样或那样的风景,有风和日丽,有电闪雷鸣,有缤纷美丽,有坎坷泥泞。在这场旅行中,窘境和困境无处不在,不幸和烦恼也随时可见。面对种种的不顺,我们该何去何从?

  顺境也好,逆境也罢,往往都因人们不同的心态而呈现出不同的样子。对于达观者来说,即使是在困境中也有一颗快乐的心,逆境也变成顺境;而忧愁者即使是在顺境中也会有一颗烦恼的心,顺境也变成逆境。快乐的人总能够在各种境遇中培养自己的好心境,能够用心享受当下最简单的生活。

  相由心生,境随心转。我们生活中发生的事情,没有绝对的好,也没有绝对的坏,关键是你怀着怎样的心态,如果你能用乐观的心态看待生活中的不幸与烦恼,你就会收获一片阳光,但如果你用一种悲观的心态去看待问题,那你的世界到处都充满阴霾。

  因此,我们在现实生活和工作中,遇事要能够释怀、看开、放下,如果情绪起伏不定,不能自制,就会因此而不快乐,忧心忡忡。是快乐，还是烦恼，都取决于我们自己的内心。

既然窘境无法改变，就改变我们的心境吧。当你面临窘境无法逃避时，不如学着坦然接受，积极乐观地面对，人在囧途，心在乐途，所有的问题都会找到最佳的解决办法。我们要学会在困境中拥有正向的思考，不计得失成败，将所有的坎坷当作自己成功路上前进的力量。在困境和囧途中，若能够适时地进行转念，所有事情的进展都会出乎你的预料，你一定会得到一个精彩的结果，你的人生也会因此而开朗。请记住，你的心态，将影响你整个的人生。

每个人都希望与幸福和快乐相遇，可是，你永远都不会知道，幸福和快乐在哪里。其实，幸福和快乐一直都在原地。快不快乐，幸不幸福，完全取决于你我简单的心境。持一种淡然的心境，过一种淡然的生活，面对人生中的风雨磨难，能够一笑而过，而后你才能欣赏一路花开。

本书分上下篇，共十章，内容丰富，文字灵动，事例通俗易懂，能够让读者在轻松的阅读中学会如何在遭遇挫折和不幸时拥有健康积极的心态，进行正向思考，改变处境，从而让自己的内心如湖水般波澜不惊，胸怀如大海般广阔无垠，人生如春天般绚丽光彩！

目 录
CONTENTS

 **上篇　正念：有正向思考，定有精彩人生**

　　人生有起有伏，充满着变数，充满着未知。在各种挑战面前，我们只有奋力前行。我们虽然可以规划自己的人生，却无法预料下一步到底会怎样。面对多变的人生，就要正向思考，因为正向思考的力量是巨大的，它能使你在困难和挫折面前临危不惧，保持平和积极的心态。正向思考，才能拥有精彩人生。

第一章　分手，不是离别，而是祝福
◎在平淡中，可以彻悟迷恋 / 2
◎情缘如水，逝者不追 / 4
◎过度的爱，终成殇 / 7
◎万事皆有缘，无缘莫强求 / 10
◎别让爱情停留在过去 / 12
◎用忙碌去抚平爱后的伤痛 / 15
◎每个恋曲都有美好回忆 / 18
◎花谢了，还会再开 / 21

第二章　云水，不是景色，而是襟怀
◎越计较，越失去 / 25
◎接受不完美，才能接近完美 / 28
◎为心灵摘下抱怨的枷锁 / 31
◎别自扰，烦恼都是自找的 / 34
◎宽容，是一种博大的胸怀 / 37
◎接受不完美的自己 / 39
◎不要对生活要求太多 / 42
◎生活，要懂得留白 / 45

◎放低姿态，放平心态 / 48

第三章　风雨，不是挫折，而是锤炼
◎不要让焦虑毁掉当下 / 51

◎历经沧桑，终见月明 / 54

◎不要重复昨日的伤痛 / 57

◎拿得起，也要放得下 / 59

◎把握当下，在沧桑中前行 / 62

◎不要纠结无法逆转的事 / 65

◎看透，才能心安 / 67

◎在苦难中品尝精彩 / 70

◎只有经历煎熬，才能化茧成蝶 / 74

第四章　幸福，不是状态，而是感受
◎幸福，是不变的方向 / 77

◎随遇而安，是一种生活艺术 / 80

◎换个角度看生活，生活会更美 / 83

◎移除生活中不需要的东西 / 85

◎知足者常乐，贪婪者常苦 / 87

◎虚荣的渴求，是人生的霉菌 / 90

◎难得糊涂，独得其乐 / 92

◎无所畏惧，才能赢得幸福人生 / 95

第五章　人生，不是岁月，而是永恒
◎对一切过往，都要心怀感恩 / 98

◎没有不吃苦的工作 / 101

◎在兴趣中找寻欢乐 / 103

◎给太累的心减减压 / 105

◎健康，是幸福的源泉 / 108

◎永葆一颗年轻的心 / 110

◎承认错误是好的开始 / 112

下篇　转念：心随境动生烦，境随心转则悦

相由心生，境由心转，心态与境遇的状况是密切相关的。尘世纷扰，生活变化万千，没有永远的顺境，窘境是人必须面对的，当窘境来临无法逃避时，心生烦念不如改变角度，境随心转，所有的问题都会找到最佳的解决办法。

第一章　如果不是转变心念，人生不会豁然开朗
◎与情绪和解，不要与自己战争 / 118
◎不挑剔，为生活撑起一片晴空 / 121
◎面对生活中的不完美，要释然面对 / 123
◎除了生命，一切都微不足道 / 127
◎事实无法改变时，试着改变自己的想法 / 130
◎舍得，让你的人生豁然开朗 / 134
◎改变别人的想法，不如转变自己的观念 / 136
◎不要为"得不到"和"已失去"痛苦 / 139
◎一切顺其自然，别让快乐擦肩而过 / 141

第二章　如果不是勇敢承担，人生不会创造精彩
◎打破胆怯枷锁，才能轻松前行 / 144
◎靠人不如靠己，幸福要自己创造 / 150
◎从小事杂事做起，不要眼高手低 / 154
◎责任，能激发你的无限活力 / 157
◎超越不可能，破除自己的自我设限 / 160
◎工作，不能得过且过 / 164
◎要善于发现并解决别人绕开的问题 / 168
◎要有适时认输的勇气 / 171

第三章　如果不是遭逢变故，人生不会因此不同
◎在不幸中寻找希望 / 175
◎面对挫折与考验，要永不退缩 / 178
◎无所"畏"，便能在绝境处逢生 / 182

◎面对他人攻击，以退为进为妙 / 185

◎历经苦难，才能百炼成钢 / 188

◎过去的苦难，终究成为历史 / 191

◎遗忘，才会有新希望 / 194

◎将辱没转化成一种力量 / 197

◎那些"忘恩负义"的事，要豁达面对 / 200

第四章　如果不是醍醐灌顶，人生不会方向清楚

◎打开思路，找到更多的出路 / 203

◎困惑时，退一步海阔天空 / 206

◎不要把困难看成困难 / 209

◎后退一步，才能看到更广阔的世界 / 212

◎满足，藏在付出的怀抱里 / 215

◎要懂得变通，人生不是单行道 / 218

◎输得起，才赢得起 / 221

◎从聆听开始，发挥耳朵的作用 / 224

第五章　如果不是坚持信念，人生不会创造传奇

◎半途而废，才是真正的失败 / 229

◎坚忍不拔，是成功的金钥匙 / 232

◎成功=心怀梦想+坚定信念 / 235

◎向前看，机遇或许就在下一秒 / 240

◎你离成功只有一步之遥 / 243

◎身处困境，也不要失去信心 / 246

◎只要坚信，一切都还来得及 / 249

◎心不变，一切就都不会变 / 253

◎有破釜沉舟的勇气，才能创造人生传奇 / 256

上篇
正念：有正向思考，定有精彩人生

> 人生有起有伏，充满着变数，充满着未知。在各种挑战面前，我们只有奋力前行。我们虽然可以规划自己的人生，却无法预料下一步到底会怎样。面对多变的人生，就要正向思考，因为正向思考的力量是巨大的，它能使你在困难和挫折面前临危不惧，保持平和积极的心态。正向思考，才能拥有精彩人生。

第一章　分手，不是离别，而是祝福

人世间最痛苦的事莫过于同深爱的人分离。不论生离还是死别，人们很难做到没有怨言。对于没能拥有的爱人，多少遗憾堆积在心头。有慧心的人，懂得爱情的智慧。在两个人的关系中，不是只有你在付出；那些逝去的岁月，不是只有你在珍惜；那些对爱情的执迷，只有参透，才能祝福。

◎ 在平淡中，可以彻悟迷恋

情之一字，从古至今，无人能免。"问世间情为何物，直教人生死相许。"生死都可以置之度外，何况其他。什么是深情？深情就是坦荡，深情也是包容。在爱情面前，一切阻碍都不堪一击，爱情的力量超越时间、空间、生死，让两颗心紧紧相连。每个人都像徐志摩的诗中那样，在茫茫人海寻找唯一之灵魂伴侣，只是，有人很幸运地得到了爱，有人终生没有尝过真正的感情滋味。

一位年轻的女作家在博客里开辟了一个专栏。最初，她只是为了给自己增加一笔收入，但是伴随着越来越多的人给她留言、写信，她越发重视这个专栏，不是为了名气，而是发现人在面对感情时，总是表现出和平日截然不同的一面。

> 迷恋，是一种深情；慧心，是一种彻悟。

那些精于算计的人，在爱情面前变成了白痴；那些暴躁易怒的人，变得柔情似水；那些不可一世的人，常常苦苦哀求……但是，这些改变并没有让他们的爱情长久，最终还是得到了分手的结局和随之而来的伤痛和失控。作家不解：为什么无论多高的智慧、多强的力量在爱情面前都是不堪一击的？

迷恋，是深情。爱情的感觉不可遏制，一旦生根，就很难拔除。人们常说恋爱会使人的智商降低，就是因为在爱情的世界里，不需要算计也不需要规划，完全是发乎本心的情感迸发，无法用理智控制，无法估测未来的走向。也许正是这忘却深刻的感觉，才让人沉醉其中。

慧心，是彻悟。有人说，情深不寿。掏空心思对一个人好，很多时候并不能换来自己满意的结果。所以，爱需要的不只是深情，还有智慧。爱情也是一门可钻研的大学问。只有深刻地理解了爱的内涵，理解了两个人的相同与差异，理解了"为什么是这个人"，并寻找一个最佳的相处方式，爱情才会长久。若只凭一时冲动，根本不用脑子，那么，度过冲撞初期的"轰轰烈烈"，接下来那漫长的磨合期，只会察觉到彼此的乏味和不完美。

人们常说爱到深处，轰烈便会归于平淡，但平平淡淡才是真，这就是一种彻悟。爱情，并非追求一时的新鲜；并非按图索骥，一定要按照某个条件找到某个人。爱其实很简单，随着自己的感觉和个性，慢慢学会包容与迁就，即使有一天面对分离，也因为自己努力了，尽力了，可以不说后悔。总有那么一个人会出现，就像张爱玲所说的"没有早一步，也没有晚一步"，然后就可以在心底说一声：原来你也在这里。

◎ 情缘如水，逝者不追

古代，一男子因深爱的妻子去世，万念俱灰。他走进一家寺院，希望能遁入空门，从此忘却人世烦恼。寺院的方丈一口回绝。男子不解地说："佛家慈悲为怀，为何不肯收留一个万念俱灰的人？"方丈说："因为你心中留恋红尘，怎能做到六根清净？你说自己万念俱灰，是因为还想着过去的事。"

男子似有所悟，方丈又说："何况，你说家中尚有父母儿女，难道你能够割舍下他们，遁入空门？等你伤痛初定，担心记挂他们，难道还要还俗不成？"男子诺诺而出。虽然心中仍旧痛苦难忍，却也开始重拾家计，抚养孩子，孝顺双亲。

人生最大的离别就是死亡。面对亲人、爱人的离世，人们最深的感触就是痛彻心扉。但不论如何呼叫、哭泣，死去的人永远不可能再回来。活着的人，只能对着逝者生活过的地方怀念，怀念他的一举一动，每一个习惯。有时候做梦梦到，希望梦永远不要醒。可是，逝者不可追，一切都是枉然。

在爱情中，留下来的人是最伤心的，要背负两个人的回忆，面对一个人的生活。不管多少人劝导"看开点"，或者"忘了吧"，但自己的心情只有自己才清楚，就算勉强露出笑脸，心底的伤痕也会越长越大，什么都填不满。"十年生死两茫茫，不思量，自难忘。"正是这种伤心的体现。不想也不会忘，想了更不会忘，就在反反复复的折磨中，"为伊消得人憔悴"。

> 情如水，毕竟东流去。

更可怕的是，回忆有美化作用，没有什么人能比逝去的人更好。当你反复回忆一个人的一颦一笑，你会过滤掉他的所有缺点，就算记得缺点，连缺点都觉得很可爱。如此一来，现实生活中再出现的人，无论如何也无法与逝去的那一个相比。在这种不公平的比较下，现实生活越来越苦闷无趣，只有在回忆里才能得到快乐，但回忆的东西已经失去，快乐过后，只有更深的伤感与疼痛。

汉朝时，汉武帝有个宠妃李夫人，也就是诗中"绝代有佳人，幽居在空谷"的主角。这个女人很聪明，当她病重的时候，拒绝再见汉武帝，为的就是汉武帝不会目睹她被疾病摧毁的容颜，让汉武帝心中永远是一个倾国倾城的她。

李夫人去世后，汉武帝果然对她念念不忘，到了晚年，还到处寻找方士，想要唤回李夫人的灵魂，和她见上一面。有个方士真的招来了李夫人的灵魂，与汉武帝隔帘相见，以慰帝王相思。但是，这个"魂"并不是因为方士的奇妙法术，而是用皮影剪成李夫人的形貌，隔着帘子，看上去像是真人还魂。

人死万事皆休，即使以汉武帝的雄才大略，也不能使逝去的人返魂，所能做到的不过是自欺欺人。每个人的寿命不一样，能够"同年同月同日死"的夫妻并不多见，更多时候，一方撒手而去，另一方留下来继续生活，完成对方的嘱托，照顾双方的家人，也许还要抚养子女。当重担压到未亡者身上，更是加倍体会到对方不在了，自己将要孤独一人。

有慧心的人，要学会在生与死之间安慰自己，也安慰对方。人生道路并不长，在短短的时间里，遇到过一个真心相爱的人，并且有相守的过程，比起那些不相信感情和那些一辈子碰不到爱人的寻找者，已经是一种幸运。爱过，就好过两手空空，什么也没有得到。

　　关于生离死别，中国历史上还有这样一个故事，发生在最具浪漫气质的先秦哲人庄子身上。

　　庄子一向超然物外，即使君王请他去做官，他也不理会。对待妻子，他也有和别人不一样的态度。庄子的妻子去世时，他的好朋友惠子去吊唁，发现庄子竟然敲着瓦盆，快乐地唱着歌。惠子大怒，庄子却说："我的妻子辛苦了一辈子，今天终于能够解脱，在天地间自由自在，我应该为她高兴才对。"

　　在生死问题上，我们难以做到像庄子一样达观，但仔细想想，人死不能复生，不如对逝者寄托一份美丽的愿望，一味地伤怀哀痛，也只是徒劳。逝者不可追，也不必追，只有认真地活下去，完成生者的责任。我们不能勘破生死的距离，但如果真心爱恋，就将它看作一个考验，考验这份感情能不能令自己改变自我，坚强心智，怀念一生。

◎ 过度的爱，终成殇

一位禅师带着小弟子下山化缘，他们路过一个鸟语花香的园子，一派春日祥和景致，师徒二人正在享受漫步的悠闲，突然听到一棵高大的树上传来一阵哀鸣，举头看去，是一窝小鸟因害怕而啼叫。

"这么小的鸟却放在这么高的树上，难怪会害怕。"小徒弟说。他不忍听到小鸟的叫声，就拿了梯子，把鸟窝放在低一些的树枝上。禅师微笑赞许："有爱生护生之心，很好。"

第二天，小弟子关心小鸟，偷偷去花园，又听到小鸟的啼叫。于是，他又将鸟窝放低了一些。如此几天，小鸟终于心满意足，发出欢悦的声音，小弟子终于能够放下心来。

没过多久，小弟子又一次和师父下山，路过花园，却听不到鸟儿的声音，只看到低矮树枝间空荡荡的鸟巢和散落的羽毛。原来，鸟巢放得太低，小鸟都被附近的野猫叼走了。禅师摇头，双手合十说："万物有定分，你过分帮助它们，却是害了它们。"小弟子懊悔不已。

爱一个人的时候，就想把自己能想到的一切都给对方。可是，给得多了，对方常常觉得承受不住。就像一个燃烧的火炉，一味添加炭火，不会使它更旺，反而可能熄灭燃起的火焰。因为，炭太沉了；因为，炉子里空间不够了；因为，看到还有那么多炭，火焰厌倦了燃烧。爱情有时就像炉中的火焰，不是你给得多，它就会一直光耀动人。

世间有很多人在爱情中愿意尽可能付出，也是希望对方感觉到自己的重要，让其有一种"错过了，就再也找不到这么好的"的感觉。可惜，爱情并不是择优录取。我们经常看到一个人在两个追求者中，选择的是看上去不那么理想的一个，而且选择者看上去还很幸福。其中滋味，恐怕只有爱过的人才能了解，旁人看去，不过雾里看花。

过度的爱对于接受者来说，可能是喜悦，也可能是伤害。就像两个人面对面坐着，一人拿一个杯子，一个人不停地给另外一个倒水，而自己的杯子始终空着。最后，一直喝水的人终于受不了了，可能觉得对方给得太多，心存愧疚；可能觉得一直不停地喝，心里腻烦；也可能因为自己始终不能为对方做些什么，找不到存在感。总之，在对方无尽的给予中，他再也感觉不到喜悦。感情走到这个地步，分离是必然的结果。

芳芳握着自己的手机，在屋子里走来走去，她想要打一个电话给自己的上司。这个电话在她心中思考了很多次，连每一句话怎么说都想了几千回。可是，她还是没有鼓起勇气按下通话键，只是盯着号码发呆。

上司是芳芳的情人，早就有家室。在芳芳工作之初，她因为年轻不经事，惹了很多麻烦，幸好上司一一帮她挡下来，仔细教导她如何为人处世，才让她有了今日的位置。相处得太久，二人情愫暗生，私下往来已有三年。这三年来，芳芳一直痛苦，她觉得对不起对方的妻子儿女，可又不想离开自己的上司，她也知道这样下去不会有任何结果，却狠不下心说分手。

今天，芳芳去参加朋友的婚礼，看到新郎新娘恩爱无间的样子，看到众人的祝福，她突然觉得凄凉，自己与上司

> 把握好爱的度，可以在爱的世界里来去自如，否则，就是一种伤害。

恐怕不会有这样的机会——一份不被道德允许的爱情，怎么能得到祝福？这个晚上，芳芳想了又想，终于给上司发了一条短信。早上到了公司，她将早就写好的辞职信递了上去。她相信，在安全的界限内，自己也一样会遇到真正的爱人。

在爱情中，度不只是指数量，有时候代表一种界限。这个界限可能是心理上的，更多时候是道德、舆论上的。就像故事中的芳芳，不管她有什么样的理由，都破坏了别人的家庭，是一个"越界者"。她能够及时收手，成全的不只是那个家庭，还有她今后的幸福。唯有找一个真正的爱人，才能让灵魂真的安定下来。留恋别人的东西，终究觉得不甘心。

尽管总是有人叫嚣着"爱情无罪"，以为爱情是一个万能的理由，有了它就能无视一切。但是，人毕竟生活在社会中，你重视爱情，其他人还看重因爱情而来的责任，甚至更看重后者。你认为自己得到了爱情，或者在争取爱情，别人看到的不过是不负责任，缺乏道德。

对待爱情时，要做一个聪明人。不要去做别人的"副册"。不管你的地位如何，就算你觉得自己很重要，也不过尔尔。对待爱情不专一的人，心已经分成了两半，或者三半，或者更多，你只能占据很小的一部分。何况，今日不专情，就不要指望明日会变专情，和这样的人在一起，只能看着自己的"份额"越来越小，纠缠到最后，连最初的分量也没有了，这时候怪自己看错人吗？不对，是因为你小看了自己，也就无法让别人看重你。

有慧心的人，懂得如何把握爱情的"度"。他们不会用尽生命去讨好一个人，因为明白勉强无用；他们不会轻易踏入爱的禁区，因为知道会两败俱伤；他们更不会轻易错过灵魂的伴侣，因为知道真爱无价。这是爱情的"度"，也是智慧和幸福的度。

◎ 万事皆有缘，无缘莫强求

宋家公子到了成婚的年龄，他一直爱恋世交家中的余小姐。余小姐从小就有才名，为人柔美谦和，是宋公子梦寐以求的淑女。可是，余小姐在娘胎时就已定下姻缘。

余小姐出阁那天，宋公子借酒消愁，喝得疯疯癫癫，跑进山里大哭。恰有一云游僧人正在歇脚。宋公子说："真羡慕你们出家人，根本不会有这种烦恼。"僧人说："施主不必如此，各有姻缘莫羡人，焉知你日后没有属于自己的缘分？"宋公子坐下与僧人畅谈一番。

两年后，父母命宋公子娶一位高官的女儿，宋公子原本以为官府小姐定是刁蛮之辈，没想到进门的妻子知书达理，青春貌美，竟比那余小姐更中心意。宋公子这才相信姻缘天定。

故事中的宋公子，他单恋余小姐不成，只是因为缘分尚未来到，如果他当时就放弃婚配，如何能娶到满意的妻子？可见凡事都不可操之过急，是你的终归是你的，不是你的强求来也没意思。世间万事都不可强求，特别是缘分，更是可遇而不可求。

什么是缘分？在民间传说中，司掌男女姻缘的是一位笑吟吟的白发老人，他手中拿一段红线，系住有缘的男女。只要被这红线系住，不论天南海北，总能聚在一起。就像有些夫妻，在人们看来，他们根本不可能认识，很难凑到一起，可他们就是在机缘巧合之下相遇、相爱，最后共度一生。

相反，那些没有缘分的人，即使就住在隔壁，也可能终老不相识。

人有时也会感叹缘分的渺茫，怎么会那么巧就遇到了呢？所以人们总觉得"看着差不多"，就以为那是缘分。等到真的了解了，才明白全都是有缘无分。其实，做人不妨放平心态，不要那么钻牛角尖，该放手的时候就放手，该解脱的时候快解脱。等一等，找一找，总会有属于你的那一份。

男孩对女孩的感情，从第一眼就开始了。那是分班考试的时候，她就坐在他旁边的座位上，端庄美丽，让他眼前一亮。很幸运的，他们分到了一个班级。男孩对女孩表白过，但没有被接受，女孩说自己有喜欢的人，她很专情。从此，男孩就开始了没有结局的苦恋。每天注视着女孩的一举一动，生怕错过什么。

有时他也会哀叹自己的死脑筋，身边明明也有其他选择，条件也不错，自己却转不过弯，拒绝了人家的好意，继续选择单恋。时常也会想振作一点，宁可没遇到过这个人，但第二天看到女孩，又开始心猿意马。他不明白为什么上天让他遇到了爱人，却只能眼睁睁看着她属于别人……

人生七苦，最苦那一味，就是求不得。在《诗经》中，君子求淑女不得，夜不能寐，辗转反侧。到了现代，情况没有好转，多少人像故事中的男孩，为着一个不能得到的人，失眠直至天明。可是，君子有心，淑女无意，再多的愁思也是白费。有时候通过努力，能够得到这段爱情；更多的时候是怎么努力都得不到对方的青睐，或者就算得到了，也全然不是那么回事。

惦念着不会属于自己的东西，就是单相思。单相思的人体会不到真正的爱情，他们的爱情只是自己的

> 天下之事，皆出于缘。

想象，不能真的与梦想中的那个人共同体验生命，只能一次又一次在幻想中勾勒如果身边有那个人，会是怎样的情形。单相思到了最后，就成了自己骗自己，为一份永远没有回报的感情耗尽心力，不能说是犯傻，但也算不得高尚。

爱情是两个人的事，两情相悦的才能叫做爱情，毫无结果的单恋只能说是"执迷"。有慧心的人在这方面就做得很好，他们可以直率地表达自己的好意，也能潇洒地放开不属于自己的东西。在"人为"做不到的情况下，他们会控制自己的感情，而非执迷不悔。

金庸先生的小说《白马啸西风》中，女主角李文秀有一句疑问打动人心：假如你深深爱上了一个人，他却深深爱着别人，那该怎么办？在小说结尾，女主角成全了自己心爱的人，独自牵一匹白马前往江南。其实，小说这个结尾很开放，焉知在美丽的江南烟雨中，美丽的女孩没有另一段相遇？李文秀如此，你也一样。

◎ 别让爱情停留在过去

山头有一座石像，是一个手执信札的女子，眉眼含愁，栩栩如生。据说，从前有个书生去赶考，路上托人送来几封家书，语气殷切，让妻子相信他会金榜高中。后来，书生另觅新欢，只给妻子一纸休书。后来妻子因病去世，化身为这座石像，似乎还在等待负心的丈夫。

一位菩萨闻之感叹，特来为这座石像解惑，希望她能放弃过去的念想，往生极乐。可是，不论菩萨怎样说，女子仍不愿往生。菩萨感叹道："你只需要放下手中的几封信，就能到极乐世界；如果你总是拿着，即使只有几张纸，也会越来越重，直到把你压垮。"

爱过了，就不容易放下。即使对方犯了错误，即使对方辜负了自己，也希望对方只是一时糊涂，想要给对方一个机会。或者说，不是自己想给对方机会，仅仅因为不愿意离开对方，不管对方做什么，都想在那个人身边。世间不知有多少痴男怨女，都在重复这样一个徒劳的过程。就像故事中的女子，宁愿放弃极乐世界，也不愿舍掉心中对另一半的牵挂——即使对方曾经辜负过自己。也许，这就是爱情盲目的一面。

在恋爱中，很多人都盲目过，或者说每个人都是盲目的。总认为自己的爱情是最好的，自己的爱人也是最好的，没有什么能够代替。一旦失去，就会觉得自己失去的不是一段感情，而是连血带肉地剜掉了生命中最重要那一部分，疼得撕心裂肺。就这样，他们被过去的恋情束缚住，只看得到曾经，根本忘记了世界上还有"未来"这个词。他们相信自己爱了一次，就不可能再爱第二次。

"一生一次一个人"这种想法很浪漫也很唯美，可在实际生活中，它的难度系数太大。人们都说初恋最重要，但多数人深爱的伴侣并不是初恋的那一个，人在个性与经历都成熟之后，再谈感情，才更容易明白什么才是自己最想要的。而过往的那些爱恋，或许只是催促你成熟的锻炼。

不管谈多少次恋爱，琳总是忘不了初恋男友佟。佟是琳的大学同学，就在隔壁班，上课的时候，常常在走廊擦肩而过。佟那扑朔迷离的眼神，琳多年后仍然忘不了。

> 过去的就让他过去，可以回忆，但不要驻足。

有一天，琳接到了一条没头没脑的短信："做我的女朋友吧。"不知道为什么，琳感觉发信息的人是佟，即使他们连话都没说过一句。第二天，琳忐忑地走向那个走廊，佟就在窗台旁站着，微笑地看着她。从此，他们朝夕相伴，整整三年时间，佟为琳忙东忙西，带着她去学习、旅游、实习，为了买她中意的礼物，做了半年的家教……琳觉得，爱情中所有令人感动的事，佟全为她做了。所有的浪漫，都被她尝过了。

后来，佟爱上了别的女孩，琳在伤心过后，终于接受了这个事实。分手后，琳迫不及待地交了第二个男朋友，但她发现这个人远远比不上佟。接下来的每一个男朋友，琳总会拿他们跟佟比较，不是觉得他们没佟帅，就是没佟体贴，或者没佟浪漫。琳的闺蜜对她说："即使有一天佟真的回来了，他也许也不知道如何与你相处，你已经把他和那段过去'神化'了，其实，佟没那么好，至少现在追你的人有一个佟没有的优点：对你一心一意。"

很多人喜欢回忆过去，回忆不都是美的，过去的恋情不一定都是美好的，还可能是深深的伤害，让人再也不敢相信爱情。可偏偏有人就是喜欢抱着残缺的东西，一再地发掘出最好的那部分，当作此时此刻的恋爱标杆，如此本末倒置，也难怪总是忘不了刺心的东西，一再错过更美丽的相遇。当局者迷，旁观者清，故事中，琳的闺蜜说了句大实话，一语点醒梦中人：再好，也是背叛了你的人；再不好，也是深爱着你的人。

过去的恋情，有好有坏，可能别人伤害过你，也可能是你伤害了别人。后者更容易怀念前一段感情，因为对方付出得更多、更用心。其实，怀念是人之常情，过去的人就算再不好，总有值得留念的地方，如果现在再有些不如意，也可以寻找一些安慰。可是，那安慰终究是虚浮的，改变不了你的现状。现实生活中，破镜重圆的概率并不大，一旦分开，一切便成为过去，这是每个人必须接受的现实。更何况，即便破镜重圆了，谁又能保证彼此的关系还能一如从前呢？

有一双慧眼的人，应该明白爱情中也有"俗气"的成分，这就是一份爱情到底值不值得你投入，值不值得你回忆。当你遇到一个负心人，对你并不在意，你为什么还要苦苦单恋，念念不忘？这不是太过看轻自己吗？难怪对方不在乎你。过去的，就让它过去吧，好也罢，坏也罢，都是点缀，成不了主题，看开一点，才能走得更远。

◎ 用忙碌去抚平爱后的伤痛

慧没想到离婚会降临在自己头上。

慧人如其名，凡事都拔尖，是个才貌兼备的智慧型女性。她年纪轻轻靠着自己的打拼，有了房产和车，别以为她只是女强人，就连在厨房，她的表现同样令人赞不绝口。不要以为她处处要强，在生活中，她也有小女人天真娇柔的一面，让丈夫喜上眉梢。人们都说慧是个十全十美的女人，她的丈夫真是有福气。

然而，所有人都没想到，慧的丈夫竟然移情别恋了，要与慧离婚，并告知他即将与对方移民到国外。被留下的慧根本不知道该做什么，对着空荡的房间，怀念着丈夫，想着自己的蠢——竟然最后一个知道对方出轨。慧放声大哭，一连几天吃不下一口饭。

正在这时，上司一个电话召回请假疗伤的她，原来公司的一个项目出现重大漏洞，亏损严重，所有员工的心都被提了起来，忙碌着弥补损失，慧自然不能置身事外。她开始一天坐好几次飞机，日程表排得满满的，奔波于各个城市，睡觉时间都是在机舱座椅上度过的。这样忙碌了足有一个半月，事情才出现转机。慧不敢松劲，又亲自把关盯着每一个环节，又过了一个半月，这件事才办妥。公司上下松了一口气的同时，慧因为临危不惧的表现和突出贡献，被连升两级，大家心悦诚服。

这时候，慧才终于有机会思考自己的婚姻。可是一过三个月，疼痛的分量似乎轻了一大半，慧不无得意地想："我从不曾亏欠他，可他还是离开了我。他都能够割舍得掉，而我还有什么放不下的呢？"一向重情的慧，这一次竟然这么潇洒。或许，这也归功于公司突来的危机吧。

如何忘记爱情和婚姻造成的伤痛？或许，很多人会给你一些建议：给自己一个假期，去外边玩玩；重新开始新的爱情……可是，失恋的人看着青山绿水非但不能陶冶情操，还会觉得"水是眼波横，山是眉峰聚"，更加思念从前的恋人；寻找下一个来填补空缺似乎更不可行，随随便便开始新恋情，没有深厚的感情基础，答应了很容易后悔，相处了也不容易相爱，最后还是分手告终。

其实，最好的办法还是让自己安静下来，专注于自己的学业或事业。感情空虚的时候，正是充电的好机会。最初的几天，可能觉得什么也看不进去，什么也做不下去。可是，很快就会觉得把心思用在忙碌上，是一个麻痹伤痛的绝妙办法，尽可以废寝忘食，一心扑在事业上。往日那些认为是困难的东西，可以一遍遍研究，一遍遍尝试，自己忙成了飞人，感情的

> 爱情难免给人带来伤害，憧憬中的爱情对照现实中的自己，更是一种隐痛。

打击自然无处落脚。等到做出了一番成绩,才知道什么叫情场失意,其他方面却能风光。

泰国电影《初恋这件小事》讲述了一个美好的暗恋故事。

小水暗恋同校的一个男孩,在那个受欢迎的男孩面前,女孩认为自己太过平凡,没有任何资本得到对方的注意。但是,她并没有因此放弃,而是选择让自己变得更优秀。

小水由内而外地改变自己,在她的努力下,她取得了全校第一名的成绩,就连外貌打扮也由昔日的邋邋遢遢,变得时尚清新,让人心动。在这个过程中,不但那个她单恋的人对她日益迷恋,更多的男孩被她吸引,更广阔的未来也在她面前展开。美丽的故事有一个美满的结局,但对于那些为爱情与将来努力的女孩,结局也许并不重要……

每一种爱情都会带来伤害。相爱的人,会因为不同的性情、不同的原则,在磨合之时伤到对方;分手的人,会因为不间断的回忆,伤到自己。而暗恋的人,面对不可得的忐忑,患得患失,同样是一种自伤。治愈心伤需要智慧,就像电影中的女孩,她选择了一种积极的方式,充实自己,提高自己,就算结局并不理想,至少她已经拥有获得更好未来的筹码。

何况,那些你认为没有希望的事,并不一定真的没有希望。世界上既有覆水难收,也有破镜重圆;既有求之不得,也有金石为开。随着你一天比一天更优秀,焉知没有第二次机会?选择权其实一直在你手中,前提是你有能力把握每一个机会。与其沉湎伤心,不如赶快行动,至少让自己在未来,不再遭遇这种伤心与遗憾。

爱情难免给人带来伤害,憧憬中的爱情对照现实中的自己,更是一种隐痛。为什么要让自己处在"伤不起"状态？不如振作起来，让自己更具备吸引他人的素质，让自己更有被人爱的价值，用更多人的关注弥补曾经的失意，又能让自己有更多选择，这才是两全其美的聪明办法。

◎ 每个恋曲都有美好回忆

一位女子被丈夫抛弃，痛不欲生。她走进山林，看到临水而开的桃花被风一片片吹落在水中，点点红色逐水而去，想到"落花有意流水无情"，不禁感伤。这时，她经常进奉香火的寺院开了寺门，法师们三三两两走了出来，去山间耕种。

一位法师见她忧心忡忡的样子，问道："施主为何悲伤？"女子哭哭啼啼地说起自己的遭遇："我恨不得把一切事都忘掉。"法师说："是不是连你们相爱时候的事也要忘掉？"女子脸色犹豫。法师说："人和人有缘法，你们的缘分尽了，才会分开。既然你忘不了，就记住那些让你高兴的事吧！"

全心投入的一份感情，换来不圆满的结局，对于任何人而言，这都是心灵上的重创。即使很长时间过去了，那伤疤依然搁在心头，隐隐作痛。就像故事中那个被丈夫抛弃的女子，心里感伤，走到哪里都会触景生情。法师劝她想高兴的事，但是用昨天的高兴对比今日的伤心，伤心岂不是更深，甚至带了讽刺？

其实，法师想说的是：过去的人、事不一定要忘记，但一定要放下。

一份爱情逝去了，可它是明明白白存在过的，谁也不可能恰好患上选择性失忆症，把它全部抹去。世界上也没有孟婆汤、忘情水之类的灵丹妙药，让你将不愉快的爱情统统抹掉。如果你扫不掉，就只能从这片废墟上拣出一些光亮的东西，这才是最聪明的做法。不光是恋爱上如此，对待世间万物都一样。

逝去的爱情中，最好的那一部分，肯定是对方对自己的关怀与照顾，和对方共同经历的开心事，还有患难时期的相互扶持，有了这一部分，至少你能知道，你付出的东西，对方也付出了，你们不存在亏欠。要以旁观者的心态去欣赏这份感情，才能从回忆中提取快乐。你不摆脱它，它给你的永远是针扎似的痛楚；离得远了，也许更能欣赏它的美丽。如果客观地看你的感情，你会发现，它有很多美好与欢乐，那都是永远属于你的，这就是爱情最美的部分，即使结束，依然让人动容。

> 回不去的过去，就让它成为美好的回忆，沉在心底。

农历年快到了，小欣和爸爸妈妈一起大扫除。在地下室，小欣翻到一本日记，是爸爸年轻时候的日记，里边夹了一张照片，照片上的女孩眉清目秀，日记里写的，大多是爸爸对这个女孩的爱恋，原来，这是爸爸以前的女朋友。

小欣的心怦怦直跳，她知道父母很恩爱，没想到爸爸之前还有其他的女朋友，看样子，感情也是非常深厚的。小欣更担心的是，如果妈妈看到这本日记，会不会难受？一整天，小欣都想着那本日记。晚上，屋子打扫完毕，小欣试探地问起父母年轻时的事。爸爸妈妈竟然很怀念地回忆起当年的相遇，并说起了从前的恋人。妈妈还说："你爸爸还留着她的照片，夹在日记本里吧？你可以拿来看看！"爸爸更大方，说："前几天来拜年的张叔叔就是你妈妈当年的男朋友，你看着怎么样？"小欣瞪大眼睛问："你们都不会吃醋吗？"

妈妈说："我和你爸是二十几年的夫妻，还有什么事不了解。就算当年都有另一段感情，因为性格不合分手，难道就能说忘就忘？彼此体谅担待才是最重要的。"

晚上，小欣在床上翻来覆去睡不着，她已经大学毕业，迄今还没恋爱过，不知道自己会遇到怎样的爱情，如果分手了，能做到父母这样的达观吗？

过去就是过去，它不可改变，但却可以选择怎样去看待。你既可以想那些让你快乐、让你感动的部分，也可以想那些不堪回首的细节。你愿意它是好的，它就是好的，你不愿意，它就是坏的。就像故事中的夫妻，他们已经有足够的默契，去了解对方拥有的"曾经"，并带着宽容的心态去看对方的过去。他们的女儿也许还不了解，有一天，她也会有机会经历，只要她能够继承父母的那一份睿智。

在对待过往感情时，什么是慧心？慧心就是能够控制自己的心，让它始终在一个安逸的位置，而不是沉沦苦海，作茧自缚。慧心，最突出的体现就是如何选择。是选择那些能够安慰自己的，还是能伤害自己的？有人说，选择安慰自己的，就是暂时欺骗自己。但那些安慰自己的也都是真实存在过的，何来欺骗？逝去的爱情就像枯萎的蔷薇，你不去想那曾经开放的花，难道去触摸还留下的刺，让自己再疼几回吗？

还有一种情况让人心中更难过，就是曾经的爱人有了新的感情，不管你如何说服自己，还是不能压抑自己的忌妒。这个时候应该如何应对？两个办法：一是自己赶快去寻找合适的那一个；二是多想想对方的好处，让祝福心理压过忌妒心理。如果两个都不行，那就来个眼不见为净，离得远一点，不再听对方的消息。

要相信，时间是最好的药物，总有一天，你会淡忘那些伤害与不甘，在偶尔的回忆中露出宁静而幸福的微笑。

◎ 花谢了，还会再开

挥别一段感情，一个女人心里充满烦恼，她去寺院向禅师请教："师父，我如何才能不去想我的过去，我整日沉浸在回忆里，无法正常生活。难道我要一辈子活在这种折磨中？"

禅师不语，半晌才请女人一起去庭院拣树叶，他弯下身子，拾起一片又一片的落叶。女人见风刮个不停，就对禅师说："师父，不要拣了，反正有人会来打扫。"禅师说："我拣起一片，地上就干净一分。"女人说："你捡起一片，风就吹下一片，哪里拣得干净！"

"难道任由这树叶这样落在庭院里吗？"禅师问。

"这么落着不也挺好。"女人笑道，"秋天就是这个样子，这难道不是一道风景？"

"是啊，这么落着不也挺好，是道风景。"禅师似在自言自语。

女人听了，突然有所领悟，走过去的路，因为难忘，所以珍惜，这不正是一道风景？与其留恋，不如祝福，才不算辜负。这样想着，女人含笑告别禅师。

每一个失恋的人都把失恋当成一件天大的事，似乎人生就此改写，生命意义就此丧失，从今往后再无欢乐可言。其实逝去的爱情，正如故事中堆满落叶的庭院，你不断回想，就像不断拣地上的树叶，永远拣不干净。你若不去惊动它，也不刻意去解析它，它就可以成为一道安安静静的风景，甚至还有别样的美丽。

如何把曾经的伤痛当作一道风景？这需要一种达观的智慧。对一件事，汲取它最好的部分，以旁观者的角度欣赏，会发现其中更多的美丽。这个时候，你已经解脱，已经能够遗忘自身的喜欢厌恶，单纯地看待这件曾与你息息相关的事。这时你会觉得曾经的爱情很美，曾经经历过的一切，在你眼中都是美的，因为每件事都有积极的部分，就算是历尽苦难，不也彰显了你自己的那一份坚强吗？

很多人害怕结束，其实你可以用另一种方式让它不要结束，这就是带了祝福的怀念。带了伤心不甘的怀念，会成为心灵的束缚，但带着祝福的怀念，却能升华人的情感，让一个人站在更高的位置，看待曾经的一切。这时候，对不再是对，错也不再是错，一切只是自然而然的经历，是生命中值得回味的一部分，至少，我们是丰富的。

一位大学老师正在办公室批改学生的作业，他教导的一个女学生红着眼睛走了进来，坐在他面前，还没说话，眼泪先掉了下来。

> 春去了，春还会来；花谢了，花还会开。

"怎么了？"老师慈爱地问。女学生哭了半天，还是一句话都说不出来，老师知道这个女学生在和另一个班的班长谈恋爱，据说最近两个人正在闹分手，原因是男孩的父母要求他去美国留学，一去就要五年。

"老师，你说，互相喜欢的两个人，为什么一定要分开？"女生终于说话了。

"因为，"老师指着窗台上开着的花对女孩说，"你看，这花开得这么漂亮，有一天也是要落的，爱情也是如此。"

"就是说，早晚都要结束，再喜欢也是一样吗？"

"不对。没有结束。"老师的声音很有力，"就算花落了，你也会记住它的样子，如果那朵花够美，或者刚好是你亲手栽种的唯一一朵，你会记一辈子，这就不是结束。"

女孩被老师的比喻迷住了，凝神想了又想。

"何况，花也有再开的时候，说不定哪一天，它就重新开放了。在那之前，你必须保持自己还有一双发现美的眼睛，才能在再次开放的时候，看到，把握。"

"我明白了，谢谢老师。"女孩终于笑了，走出了办公室。

后来，已经变老的老师仍然在办公室批改作业，而那两个孩子几经波折，又聚到了一起，他们的请柬，端端正正地放在那张办公桌上，照片中的她笑颜如花——而几年前，她曾哭泣着坐在对面。

为什么即使相爱的人，最后也会分开？也许是因为不可抗拒的外力因素，也许是因为不能调和的个性矛盾，也许只是因为长久的相处带来了厌倦和疲惫……但就像曾经开过的花，在深爱的人心中，它并没有凋落。就像歌曲《爱的代价》中唱的："还记得年少时的梦吗，像朵永不凋零的花。"

在分离的时候，有慧心的人为什么选择祝福？因为他们知道，自己因对方而改变，就像流水曾对山川缓缓作用，那些伤害和雕琢留了下来，造成现在的自己。也许不是最美的，但曾为一个人努力，或多或少让我们变得更温柔、更聪明，甚至更勇敢。而自己对对方的改变，也都留在对方身上，这些微小的习惯，从此镌刻在彼此生命中，谁也不能抹杀。可能在几个月后，或者几年后，你在一个刷牙或叠被子的动作中，突然发现了对方的影子，突然发现这个动作是和对方学的，然后才明白，什么是真正的爱。

爱对双方而言，是一种照明，让你看到自己没察觉的那一部分，或者不自觉地受对方的影响。也许对方只是一根早已熄灭的蜡烛，但温暖过你，这就够了，这就值得你说一句祝福，成全自己，也成全他人。执迷也罢，彻悟也罢，俗世中的人无法摆脱情爱，只要铭记一种爱的智慧，就能让自己迷得有价值，悟得有哲理。

所有的情爱，都源自黑夜里的一盏灯；所有的恋人，都曾是在黑夜里为你点起灯的人。你得到的，没得到的，其实都是故事的一种，而真挚的爱，会伴随你的一生，永远不会结束。

第二章 云水，不是景色，而是襟怀

人世百态，人情百态，没有什么能完全顺从个人的心愿。多数事情，我们想得很好，却发现很多事情不以我们的意志为转移，为此，很多人失望，很多人挑剔，很多人无奈。大度就是智慧。海纳百川，有容乃大，学会接纳，也就学会了快乐。每一道风景都不同，为什么要在心中限定规格，而不去学着欣赏那些别样的美丽呢？

◎ 越计较，越失去

一个小和尚秉性聪明，有过目不忘的本领，不管多么难解的佛经，他看过一遍就能默诵，还能把意思领会个十之八九，同一个寺院的其他和尚都很羡慕他，但是，老方丈却觉得小和尚只是聪明，还不具备佛性，远不如其他和尚。

小和尚一直不愤，有一天忍不住问："师父总说我没有佛性，我想知道我和其他师兄比究竟差在哪里！"老方丈放下念珠，对小和尚说："你端着那边的供果，随我去大殿一趟。"小和尚不解地端着两盘鲜果，进入大殿，这时正是晚课时间，大殿上和尚众多，有人匆匆忙忙走来，正好撞到小和尚，差点打翻他手中的盘子。

"你长没长眼睛！"小和尚大骂，"没看我拿着供果吗？撞翻了你能负责吗？"

方丈再三摇头，对小和尚说："他就算撞了你，不过一句'对不起'就能了事，你何必发这么大火？何况不过一盘供果，何必如此计较？我说你心性不高，并不冤枉你。"

小和尚的智慧，在寺庙里算是数一数二的，没有人能否认。可是老方丈偏偏不看好他。因为从佛家角度来说，参佛是为了普度众生，小和尚却连一个无意中撞到自己的师兄都不放过，如何普度他人？不知这小和尚能不能把老方丈的教训记住，否则，他只能做一个会解读佛经的知事僧，无法一窥佛学门径。

> 过分计较会让自己失去更多。

心胸狭隘的人就如蒙尘的明珠，不同的是，旁人蒙尘是环境的作用，而狭隘的人却是自己使自己蒙尘，他们的想法也很简单：如果自己发光，照到了别人，岂不是便宜了别人？不成不成。于是，他们更希望自己黯淡一点，以免白白便宜了旁人。试想这种人如何成大事、立大业？他们一辈子都只能打自己的小算盘。

特别在对待他人的时候，有计较，就会有隔阂。总是觉得他人得罪了自己，或者总是觉得别人占了自己便宜，所以，在与人交往中，他们处于一种"严防死守"的状态，别人帮了自己，他们可能记不住，但自己如果给了他人什么恩惠，就记得牢牢的，总想着别人什么时候"报答"。更可怕的是，这些人根本不知道自己很小气，他们总认为自己很大方、很大度，更有甚者，就像全世界都欠了他们的，整天觉得别人对不起他们。

有个大学生暑假回家，突然有了社会调查的兴致。他家所在的小区处于繁华地段，楼下就有两大排饭店。繁华地段寸土寸金，饭店竞争激烈，生存不易。每次大学生回家，都会发现上一次回来看到过的几个饭店已经改了招牌，两年来，不知多少旧饭店倒闭，新饭店开张，只有一家店屹立不倒。更让大学生费解的是，这家店铺面不大，招牌不响，没有口碑相传的菜品，它不过是一间最普通的粥铺。

大学生几次去粥铺"调查"，才发现粥铺长盛不衰的秘密。这家粥铺招牌上写着"两元粥铺"，花两元钱就能随便喝二十几种粥，喝到饱为止。看上去，这是一笔赔钱的买卖，还真有不少人进去光喝粥。那么，老板如何赚钱呢？

赚钱的不是粥，而是搭配粥的各种各样的小菜，还有馒头、花卷、烙饼、包子等上百种主食、炒菜，这些东西价格说不上很高，但比市面上略高一点。来喝粥的人，总会搭配着买上几样，一天下来，老板非但没赔钱，反倒靠着这些简单的搭配，赚了不少。大学生这才明白"薄利多销"的意思，看来，生意场上，舍小利才能赚大钱。

人与人的相处中，斤斤计较只会带来相互算计与隔阂。那么，在社会上，特别是生意场上，斤斤计较是否就能得到更多？从这个故事来看，似乎不是。再瞧瞧市面上每一个得以确立口碑的品牌，都会打出"考虑顾客需求"的牌子，注重售后与服务，看似增加了成本，降低了赢利，但却得到了更多的推广，可谓"以退为进"。

不论生存还是处世，人们最需要的就是"空间"。空间越大，你发展得就越好，就像一株植物，放在花盆里，一丁点儿养分，只能长那么高；放在花园里，好一些；如果能放入辽阔的森林草原，让它尽情舒展，它自然枝繁叶茂。在处世时，我们完全可以迂回一些，退避一些，计较少一点，得到的会更多，至少，你会得到更多的空间。计较如果成为一种心态，更需要你高度警惕。就像进入集市选一颗珍珠，嫌这个不够圆，嫌那个有黑点，因为一点小毛病否定所有，最后只能两手空空。

与人相处切忌计较过度，朋友间计较太多，会因嫌隙而生疏；夫妻间计较太多，会因挑剔而怨恨；亲子间计较太多，会把亲情变为债务……人世间的感情你计较得越多，失去得越多，相反，你愿意相信"吃亏是福"，尽量为别人考虑，就会拥有许多真挚的感情。当你懂得不再钻营蝇头小利，不再为闲言碎语烦心，你就懂得了真正的心灵智慧。

◎ 接受不完美，才能接近完美

小和尚拿着画笔，在纸上画着一个又一个的圆圈，师父看见问："你在做什么？"

"师父，为什么我不能把圆圈画到最圆？"小和尚烦恼地说，"我已经练习了很多天，我发现怎么画都不能画出特别圆的圆圈。"

"我觉得，你已经画得很圆了。"师父说。

"可是比起那些拿圆规画出来的，它还是不够圆，我为什么画不过圆规？"小和尚说。

"圆规被制造出来，就是为了画圆，干不了其他的事。你是为了画圆才生的吗？不如它画得好又有什么关系？"师父哈哈大笑。

显然，小和尚是个完美主义者，做什么都要严格要求自己，这也就产生了一种挑剔心理，不管自己做什么，不能做到"最好"，就没有意义。可是，世界上哪有那么多十全十美？人们都认为维纳斯是美的，她的雕像偏偏是个断臂残疾人；人们都认为蒙娜丽莎是美的，她的微笑却没人能理解，十全十美的事物，只存在于我们的想象中。

每个人都想追求完美，完美是个让人心动的概念，犹如最美的宝石，每个角度打磨得光滑，光芒四射。但是，即使这样的宝石，依然会有人挑剔。有人说宝石太小，有人说色泽不好，有人说不够通透，有人说宝石只镶嵌在王冠上，太不平易近人……可见，每个人对"完美"的概念不尽相同，你心目中的完美，恰恰是别人眼中的不完美。

也许只有缺憾才能成就完美，白璧微瑕，但瑕疵不影响它是一块质地最好的白玉，更可以将那瑕疵处加以发挥雕刻，成为独具匠心的艺术品。每个人对待自己的缺点，也应该有匠人的心态，既然改不了，不妨就把它作为特点予以发挥。就像一个模特唇下有一颗黑痣，所有人都说影响形象，但她若坚持下去，这颗黑痣就成了她的标志，让人们更能在一众佳丽中，独独记住"那个长黑痣的女孩"；等到她功成名就，黑痣更会成为她的招牌。

> 生活中充满了大大小小的错误，只有接受不完美的一面，才能尽力弥补。

所有人都说，余先生是个很难相处的上司。

刚进公司的销售员，可以自己选择跟着哪个上司做事，那时候，大家都盯着销售王牌余先生，真的到了他手下，才发现天天生活在地狱中。

不可否认，余先生是个优秀的人，他的工作能力数一数二，据说在生活中，他也是运动、厨艺样样好的不可多得的好男人。作为上司，余先生会尽量把自己知道的东西教给下属，这也为他的形象大大加分。可是，几个月以后，没有一个销售员还愿意跟着余先生。

余先生对下属要求严格，惩罚分明，他认为按照他教的方法，每个人都能拿下预定数额的订单，拿不下，就是下属不肯努力——余先生觉得自己定的标准并不过分，那都是他在还是新人的时候达到的，他甚至还把数量压低了一些。

但下属们的日子不好过，他们显然没有余先生的天才，很难完成任务，这时，他们就要面对余先生不断地责骂，冷言冷语或者板着的脸。迄今，没有人能达到余先生的标准，而余先生不觉得自己有错，他常怪其他人不努力。跟余先生相处，所有人都战战兢兢。

苛求别人的人，根本不管别人的处境，也不管别人的能力，苛刻地定下一个标准，让别人必须达到。也许他们以为，自己定下的高标准是为别人好，却不知在别人心里，做根本做不到的事，是最降低自尊心的一件事。做不到还要被人责骂，滋味就更不好受。他们非但不会感谢那些要求自己的人，反倒会有隐隐的怨恨，因为，人的自信得来不易，这些人却独断地轻易打碎，不留余地。

苛求自己的人，内心深处只有完美主义倾向，他们眼光甚高，不允许自己有一丁点失败，希望事事都做到十全十美，所以，他们的心理就像在走钢丝，一点差池就会感受到挫折。这样的人因为要求高，心理也极不稳定，经常为一件没做好的小事大发雷霆，责备自己。他们活得很累，却不愿意自我解脱，仍旧按照自己的标准，如履薄冰地行事。

最让人觉得可恨的是自己没做好却还要求别人，自己做不到的事却觉得别人有义务做好。这种人习惯了自我为中心，特别是在人与人的关系上，他们动不动就求全责备，指责那个指责这个，仿佛世界上只有他一个人是正确的。可以说，这三类人都在追求完美，但他们得到的，绝不是完美，而是发现了越来越多的瑕疵，越来越觉得无法忍受。但是，在他们无法忍受他人的同时，他人也越来越无法容忍他们的专断霸道。

人的心灵应该有一种"圆满"的自觉，不需要锱铢必较，逼迫自己和他人像一个车床上最符合标准的零件，要知道最符合标准的东西，恰恰最没有生气，也最让人不愿接近。而那些有缺点的东西，却因不完美显露出可爱的一面，让人更容易心生亲近。对自己和他人，都不要太苛刻，以平和的心态欣赏，才会发现万物各有不同，缺点优点，构成了各自的美丽。

◎ 为心灵摘下抱怨的枷锁

城里有座寺庙，不少人来烧香拜佛。也有人会找熟悉的禅师倾诉心中的委屈。最有意思的是某一天来了一对男女，他们分别对一个和尚抱怨。

男的说："下辈子我一定要当个女人！女人什么事都不用做，只要会撒娇就行。每天锦衣玉食还有人供养，魅力够大，再强的男人都要对她俯首称臣！"

女的说："下辈子我一定要当个男人，男人什么事都可以做，开创事业，外出冒险，可以确定自己的价值，而且还能驱使世界上的女人！"

和尚苦笑着说："二位施主，就算你们下辈子心愿得偿，你们仍然会觉得不满意，仍然会抱怨个没完。"

在生活中，我们总能听到别人的抱怨，自己有时也会忍不住抱怨，不管内容是什么，归结起来只有一句：我不满意。但是，当你不满意的时候，别人也正不满意，你期望得到的，正是别人不满意的。就算易地处之，也不过像故事中的男女，滋生许多新的不满意。因为，抱怨不是真的因为环境如何，而是一种心态。

抱怨大多来自对自己、对环境的错误估量。不论做什么，我们都会对结果有一个心理上的期待，一旦结果差得太远，我们的心理无法接受，就开始习惯性地找借口，证明没有达到预期结果，并非自己不努力、没有能力，而是因为时机不对、环境不对、合作者不对，等等。总之，千错万错，都不是自己的错。

抱怨还有个特点，就是有传染性。一个地方如果有一个人开始抱怨，其他人最初是厌烦，想离得远点。等他抱怨得多了，其他人也开始抱怨，因为其他人心中也有很多不满意。于是，你抱怨我，我抱怨你，抱怨成了一个强大的病原体，让所有人心情郁闷，不得不用几句怨言发泄出来。发泄之后，事情没有任何好转，只好继续发泄。于是，抱怨一再持续，终于成了人的习惯，再也戒不掉。

> 有慧心的人从不抱怨，他们明白抱怨于事无补。

小李刚刚进入公司，她年轻心热，希望和每位同事都保持友好的关系。没多久，公司在全体员工中征集新产品的宣传企划，这种企划无法一个人完成，员工们三三两两组成小组，小李发现，早她一年进公司的小刘没有进入任何小组，就主动提出与她搭档。

小李这个决定刚做完，她的直属上司就委婉

地提醒:"别人不这么做,一定有他们的道理,你应该多想想再决定。"小李毕竟经验尚浅,对上司的话根本没想那么多。

等到开始做企划,小李才明白为什么大家都不与小刘搭档。小刘这个人有一些想法,但她有点独断,还喜欢指手画脚,总是让小李一个人去落实每个步骤,小李忙不完请她帮忙,她就嫌小李动作慢。企划做了两星期,小李憋了一肚子气,小刘埋怨了小李两个星期还没完,等到企划落选,她又到处抱怨,说自己的想法很好,可惜小李这个搭档步调太慢,不能跟上她的速度,言下之意,问题都出在小李身上。

吃一堑长一智,小李决定,今后除非万不得已,决不跟小刘合作。而且,今后发现习惯抱怨的人,她也一定要躲得远远的!

团体中最让人讨厌的人,恐怕就是这种满口抱怨的人。他们不会检讨自己的失误,不会承担自己的责任,只会推脱,证明自己的清白。故事中的小李就遇到这么一个大小姐,不管她做了多少事,多么努力,那个没干什么的人依然带着挑剔的眼光,抱怨来抱怨去,最后小李算是明白了:这种人,理都别理才对,让她跟别人抱怨去吧!

喜欢抱怨的人,给人的第一感觉是什么?啰唆?不对,是无能。仔细想想,你见过哪个自信又有能力的人不断抱怨环境,抱怨他人?他们没有时间说抱怨的废话,而是忙着改造环境,改变他人。抱怨的人总觉得自己赤着脚走在路上,他们不断责骂脚下的路有多硬,有多扎人,却忘记他们最应该做的是去找一双鞋子保护双脚。

有慧心的人从不抱怨,他们明白抱怨于事无补。抱怨就像枷锁,把心灵牢牢锁住,再也走不到更远的地方。而且,每一句抱怨都像锁链,会让心灵越来越沉重,透不过气。在这种情况下,智慧被锁住,无从施展,人们只会看到乌七八糟一团铁链。对自己而言，有这样的负担，何谈解脱？只能继续抱怨。

对于不满意的事，不妨以微笑待之，把抱怨的话消解在这一笑中。微笑就像一把钥匙，将心里的锁"咔嚓"一声打开，让阳光照进去，这时再看看自己抱怨的事，就会觉得不过是芝麻绿豆烂谷子，实在小得可以忽略。于是，微笑又像清风一样，把所有微尘吹得干干净净，心灵重新回归干净、轻松。

◎ 别自扰，烦恼都是自找的

一男子整天烦闷，心中有无数烦恼，请求一位禅师帮他开解。禅师听他细说平日生活的种种烦恼，突然对他说："帮我倒杯茶水。"男子依言而行，和禅师对饮了茶水。

没想到一刻之后，禅师问："你可喝过茶？"男子点头。禅师又问："可把煮水的灶具都收拾好了？"男子点头。二人继续谈话。

一刻之后，禅师又把同样的问题问了一遍，男子又答了一遍。没想到禅师又问了第三遍，男子忍不住问："为什么一直在说这个问题？"禅师大笑："你的烦恼，不就是因为把同一件事翻来覆去地想？你不去重复，又哪里来的烦恼？"男人恍然大悟。

任何一种生活都会带来烦恼，例如各种条件便利的现代人，每一天都会遇到很多麻烦：早上起床，鞋子穿错了；换鞋子晚了一分钟，没赶上车；

到了公司，上司心情不好；下班后去商场，发现电梯坏了；去快餐店吃晚饭，发现肉烧得过了火候……这些小麻烦，只要上心，就能让人烦恼，所以我们经常听人感叹："怎么这么烦呢！怎么什么事都不顺心呢！"

烦恼其实不是什么大事，很多人尽管烦恼，也懂得一笑而过，翻书一样翻过一页，就算过去了。真正让烦恼成为大事的，是人的心态。有人偏要和自己较劲，越是烦恼越要想，越想就觉得越麻烦，于是，所有的小麻烦都变成了大烦恼。更可怕的是，世间万物都有或明显或隐晦的联系，当烦恼多了，就会发现它们彼此盘根错节，这时，烦恼就变成了铺天盖地的罗网，让人觉得根本无法逃脱，于是，人们继续烦恼……

古时候有个杞国人，天天担心头顶上的天会塌下来，他每天都想着天塌下来，自己一定逃不掉，觉得自己很凄惨。他担心不已，竟然生起病来。

有朋友来看他，问他为了什么事病得这么严重，他忧心忡忡地将烦恼说了。朋友大笑说："天怎么会塌呢！而且，就算天真的塌了，你担心就能避免吗？"

在所有的烦恼中，最麻烦的有两样：一是为昨日烦恼，一是为明天烦恼。昨日已去，无法改变，烦恼也是白白浪费感情，世上没有后悔药，偏偏人们总是喜欢后悔；明日还不分明，烦恼也抵不过变数，更是无用之举，偏偏人们就喜欢担心明天会发生什么，似乎担心一下，明天就会变得顺心如意。这些人，都是杞人忧天。

时间是一个单向的过程，从昨天通向明天，只在今天稍作停留。它给予我们的只有二十四小时，说长不长，说短不短。利用得好，可以做很

> 真正让烦恼成为大事的，是人的心态。

多有意义的事，但如果左顾右盼，一会儿想着昨天哪件事没做好，一会儿想着明天哪件事可能做不好，你还剩多少时间留给自己？留给那些真正该做的事？

烦恼到极点的时候，人们希望烦恼放过自己，让自己落得片刻清闲，其实不是烦恼不肯放过你，而是你不肯放过烦恼，不肯放开自己。总觉得多担心一点，多做一点，就能让自己的心情缓解一下，但烦恼不是心灵的放松，它只会让心灵的弦绷得更紧，让心头的大石压得更重。如果不能自己想开，不能把烦恼当作一件平常事，不为它浪费时间，任凭旁人如何开解，烦恼仍然是烦恼，根本不会改变。

天下本无事，庸人自扰之。有慧心的人当知道，自寻烦恼就是自苦。每日只想烦恼，更加看不透其他人事，对于一个人的判断力也有极大影响。何况，一个人应该向远处看，才能走得更远，只是看到眼前的一点小事，被小事绊住手脚，如何做大事？

能够忘却烦恼，体现了一个人的智慧，也体现了一个人的心胸。人的心胸装的，应当是雄心壮志，如果装满鸡毛蒜皮，这个人言语难免琐碎无味，相处不久就会觉得面目可憎，可见烦恼不是修养自身之法。人活于世，过好每一个今天，不去追悔昨日的事，不去担忧明天的事，才能尽人事听天命，福乐安康，摆脱烦恼的纠缠。

◎ 宽容，是一种博大的胸怀

北宋词人苏东坡是性情中人，他有个朋友是个和尚，法号佛印。东坡和佛印经常斗嘴，留下了不少充满玄机的笑话。

有一天，苏东坡对佛印说："在你心中，我看起来像什么？"佛印说："像一尊佛。"

佛印又问苏东坡："那在你心中，我像什么？"苏东坡看着佛印说："一垛屎。"

见佛印不说话，苏东坡自以为得到了胜利，回到家兴冲冲地将这件事告诉了苏小妹，苏小妹说："哥哥，你输给佛印了。佛印心中有佛，看所有人都像佛。你看他像一垛屎，你说你心里装的是什么？"东坡听了，大感惭愧。

在生活中，我们每天都在接触大量的人，如何看待别人，考验一个人的眼光，也考验一个人的胸怀。看人有时候就像这则故事，你愿意相信他人是好的，他人做的事是出于好意，就像佛印看苏东坡，人人都是佛；但若你相信他人心机狡诈，别有用心，那么就像苏东坡看佛印，处处都是臭不可当。

现代人希望别人对自己高看一眼，却常常把别人看得很低，发现人家一个缺点，一个错处，就以偏概全，断定这个人"不咋地"——他们看人的眼光，就是挑刺和找碴儿。挑出别人的不好，是为了证明自己的好，以此确定优越感。而这样的人，得到的不是别人的青睐，而是一句"自己不怎么样还总看不起别人"。

古代君子的修为，修的是"严于律己，宽以待人"。可从古至今，多数人在行事时都把这句话颠倒过来，对自己的缺点视而不见，对他人的缺点如数家珍。这样的人与人相处，无法体谅他人，只会爱护自己，身边的人，大度的久了会心冷；小气的会与他争着计较，两个人从此纷争不断。这样的人不论生活还是做事业，都会有很大的阻力，甚至觉得事事不顺，这也难怪，你对别人苛刻，人家怎么能对你宽容？

在生活中也是如此，人心才能换人心，设身处地体谅对方，全面地了解别人，也许你觉得那些你不会做的事，其实也不难理解。每个人都有难处，都有弱点，他们犯错误的地方，也许恰好是你做得出色的地方，但你无须为此沾沾自喜，因为在别的方面你未必有他们优秀。所以，面对他人的错误，也要以宽容的眼光来看待。

生活应该是对他人的担待，而不是揪着他人的错不放。例如有些时候你认为他人得罪你，有没有想过别人也许是无心的？就拿说话来说，有人说了一句"不喜欢胖人穿紧身衣"，可能只是看到什么有感而发，如果硬要揽到自己身上，一来你未必有那么胖；二来你一生气，对对方的态度自然不好，对方莫名其妙地被你冷落或回击，对你的印象从此也不会好。因一句无心的话与人结梁子，这是人际关系的大忌。

有一词叫"海涵"。海纳百川有容乃大，这是真正的襟怀。海涵就是以平和博大的心态看待世间的一切，你接受得越多，智慧也就越多。对待他人的时候，要摒弃求全责备的呵责，矫揉造作的要求，假惺惺的热情和问候，这都会让你显得肤浅，看一看大海如何对待

> 海纳百川有容乃大，这是真正的襟怀。

江流吧，不论大小，它都会一视同仁予以接纳：对于他人，是一种尊重，对于自己，是一种成就。

◎ 接受不完美的自己

一户人家的媳妇每日早起晚睡，忙于织布，她织出的布又细又密，图案又美，附近的人都称赞不已。不论是丈夫、小姑还是公婆，都对她赞不绝口，可是，她却觉得自己做得不够好，织布图案虽美，但速度太慢，不及邻居家的很多女人。

婆婆见媳妇每日为此发愁，就对媳妇说："一花一世界，每个人都有他的长处、短处，就如桃花和梅花，各有各的姣美，如何作比？你固然觉得自己织布不够快，他人也觉得自己织布不如你的美，还是应该自己看开一点，不要为难自己，才是舒心之本。"

媳妇听了，心中顿时开解不少。

故事中的媳妇能把布织得又细又美，这是她的优点。而且一匹布想要织得美，肯定要花更多的心思和时间，可她不满足，偏偏还要追求速度。虽说做人应当"严于律己"，但一味高标准严要求，把神经绷得紧紧的，就失了"要求"的本意，成了强求，甚至苛求。诚然，每个人都希望自己进步，比过去做得更好，但人的能力有限，或者拘于时运，事与愿违的情形比比皆是，若一一强求过去，恐怕人生的不如意只会成倍增多，而这不如意还是我们自己找来的，可谓自寻烦恼。

> 万物皆在心胸之中。

我们常常为了人情、为了照顾他人、为了礼貌等原因，宽容他人的过失，容忍他人的不完美，对于自己，有时候却"狠了点"。每个人都想自己全面发展，无所不能，又有几个人样样都好？改掉缺点是没错，增长本领也没错，但每个人都有不适合的事，非要做好，不也浪费了做适合的事的时间？

与其勉强自己做那些不擅长的事，为什么不集中精力，把擅长的事做到最好？世人总是想着面面俱到，殊不知有重点才是成功的关键。如果对自己太苛刻，总拿自己的短处对比其他人的长处，只会丧失自信，再多的成就摆在眼前，也会觉得自己一事无成。

新学期有一堂选修课叫《科技与人的发展》，很多人听说过这个课的名字，虽然看上去挺普通，但教课的老师学识渊博，谈吐风趣，备课认真，是每一年的学生都会抢着选的课程。

第一堂课，学生们坐在阶梯教室里等待老师。老师出现了，是一个只有一只胳膊的中年男人，他似乎习惯了学生们惊讶的目光，自顾自地摆弄着幻灯片设备，对学生们说："少了一只胳膊，效率只有一半，你们可要多等等才行，不过没关系，我的舌头很灵巧，可以和你们说话。"学生们哄堂大笑，大家立刻喜欢上了这个幽默的老师。

对待自己不完美的地方，很多人讳莫如深，很怕别人知道，更怕被人嘲笑。故事中的老师显然不是这类人，对待自己肢体上的残疾，他看得开，也不在意，即使少一只胳膊又怎么样？不过是效率低了点，但他仍旧是受学生欢迎的老师，缺陷丝毫没有影响他的能力，他的形象，他给人的好感。甚至，他的豁达与乐观，让学生更想要亲近他。

我们不但要对别人宽容，也要对自己包容。那么我们怎样才能学会宽容地对待自己？首先要懂得全面分析自己。凡事不要太强求，不要把自己当成一个万能的超人，每个人都有缺点，有些缺点需要改正，有些缺点无法改正，甚至可以说，它是你的一种特点。总是对自己求全责备，很容易对自己丧失信心，甚至变得自卑。

每个人都想别人看到自己完美的一面，留下最好的印象，但有的时候人们偏偏看到了不完美，而且，还有些挑剔的人专门找别人的缺点，你能有什么办法？其实，自己说出来，比别人说出来更好，自嘲的人往往让人觉得很可爱。人的心需要保持一种平衡，既不要太自负，也不可太自卑，对自己的优点，心里有数；对自己那些无伤大雅的缺点，能做到一笑置之，这就是一种襟怀。

保持心理平衡的最好办法就是学会自嘲。缺点和不完美有什么大不了，不如当笑话说出来让大家也笑一笑，一件事人们开过玩笑以后，就再也不会嘲笑。例如一个胖子如果总是遮遮掩掩，在人们心中，他不过是个自卑的胖子，但是他如果随便说几句自己"人宽心也宽"，那大家会把"宽"当作他的优点记下来，留下大度的印象，至于胖不胖，那已经是细枝末节问题。把自己的不完美转化为一种特点，甚至一种优势，这才是真正的智慧。

◎ 不要对生活要求太多

一个女人进入佛寺就开始大哭，禅师正在打坐，待她哭完，才温言问她："施主，你有什么苦恼？"女人说："生活对我太不公平了！我和丈夫白手起家，开了一个小卖铺，如今已经成了一个大商店，还有很多家精品店。可是他竟然有了外遇。我的儿子以前很孝顺，自从上了高中，越来越不肯听我的话……"

禅师耐心地听着女人的抱怨，等她平静下来才问："施主，你看着寺庙每日来来往往的人成百上千，他们都怀有心愿，但佛祖能一一帮他们实现吗？"

"恐怕不能。"女人说。

"所以，生活也是如此，它不能对每一个人都好，但也不会对每一个人不好，你接纳了它，自然可以看到它的好处，你对它失望，自然处处失望。"

对待生活，人也要有自己的襟怀和气量。这种襟怀并不是逆来顺受，而是一种理智的接纳。就如故事中的女人，生活对她并不公正，但她再抱怨也不能改变事实，不如静下心来承认现实，想一想下一步该怎么走。如果决定以宽容的心态对待丈夫和儿子，也许他们会痛改前非；如果决定离婚，也许也会有另一番精彩的生活。生活给予你的不只是不如意，还有惊喜和未知，你不接纳它，就永远没机会领会。

人们习惯要求生活，希望它慷慨仁慈，给自己更多的机遇与好处，但生活本身不可测，有时候甚至变生不测，让你措手不及。对待生活，人们有三种基本态度：第一种，对生活中的任何事，都早已麻木，毫无知觉，既不悲也不喜，每天庸庸碌碌；第二种，厌恶生活中的不平，抱怨或者远远地逃避，以一种消极的心态应对；第三种，勇敢地面对生活的挑战，让自己一天比一天进步，接受生活，改善生活。显然，第三种状态是最佳的，可惜绝大多数人被生活磨成了庸碌者或愤世嫉俗者。

总觉得生活待自己不公，是因为心胸不够敞亮，总是记得那些不如意，从来不看看生活给自己的馈赠，似乎这一切都是理所当然，有一点不满意就要哭天抢地。这样的人，如何获得生活的青睐？就像你对一个人很好，他偏偏看不到，却总是挑你的毛病，你还会待他像以前那样吗？如果你要把生活"人格化"，就以正常客观的心态对待它，否则你只会失望。

一个女孩总是抱怨自己找不到真正的好朋友，她常常说："真希望有个仙人，赐给我一个真心实意的朋友。那该有多好。"她的祈祷感动了神仙，神仙下凡问她："你想要一个什么样的朋友？我可以帮你寻找。"

"性别不重要，重要的是要了解我，欣赏我，愿意照顾我。"女孩说。

"这不难，你身边应该有很多这样的人。"神仙说。

"他最好非常优秀，事事都能为我出主意，能够很好地帮助我。"女孩说。

"这也不难，你以后会遇到很多这样的人。"神仙说。

"在我需要的时候，他总是能出现在我身边，为我分担。"女孩继续说。

> 对待生活，人也要有自己的襟怀和气量。

"这个有难度,不过应该也能找到。"

"不能重色轻友,要把爱情和友情一碗水端平。"

"这好像有点过分……"

"不论我犯了什么错误,他都能有宽容的心态……"女孩还要继续说下去,神仙翻了个白眼说:"不用说了,你想找的人地球上没有。而且,你能不能告诉我,如果你有这样一位朋友,你能为他做什么?做得到你说的这些事吗?"

对他人,也不要要求太多。人们习惯以苛刻的标准要求那些和自己有关的人,对陌生人却愿意宽容。这就像看到一个多年行善的好人犯了错误,忍不住呵责;看到一个作恶多年的坏人偶尔做了一件坏事,就念念不忘。这种"差别待遇"导致了世界观的扭曲,偏偏多数人都有这么一种心理:好的东西看不到,专门盯着错的。这对身边关心你爱护你的人,公平吗?

更有人整天活在算计之中,心胸狭窄拉低了他们的智商水平,变得越来越狭隘,越来越在乎那些不合自己心意的人和事,恨不得它们统统消失。可是,你不是神仙,没有人有义务对你百依百顺,算计来算计去,生活也许会在你的手上稍稍更改,但大的方向依然不是你能把握,令你烦恼的事依然层出不穷。你想要更加平和顺心地过下去,却发现机关算尽太聪明,反落得一身不是,远不如那些豁达的人来得爽快。

要学会大事化了,小事化无,消化生活中的种种不如意,才能把那些负面因素抹掉,端详生活的本来面目。你会发现不如意的背后,也有机遇的端倪显现出来。人们常说"否极泰来",生活就是这样起起伏伏,让你欢喜让你忧。它就像一个不懂事的孩子,常常闹出麻烦让你气得跳脚,但如果细细寻找,你会发现其中有足够多的美好与爱,值得你感激享受。

◎ 生活，要懂得留白

一个小和尚总是觉得人生无聊，他做什么事都精益求精，对人坦诚认真，但却经常得罪别人，很多人都说："做人别那么认真。"他不明白自己到底做错了什么。

师父对他说："你去拿一杯清水来。"

小和尚拿了一杯清水，师父吩咐他加一勺糖，尝一尝，然后问："甜吗？"

"甜！"小和尚说。

"那你再加一勺，再尝一口，还甜吗？"

"甜，有点腻。"小和尚说。

"再加一勺，再尝。"

"不甜了，有点苦。"

"你看，如果不能恰到好处，甜水也会变成苦水。做人做事也是这样，没有足够的余地，就会失去最好的味道，现在你明白了吗？"

一杯水的味道，可以由人自由决定，但是，很多人握着主动权，却没能把握好这个机会，反而因为自己的执念，让本来能够圆满达成的事变为画蛇添足，这都是因为他们不懂得为自己的心灵留一点空间。人的心灵容量有限，填得太满，就再也塞不进别的东西，勉强塞进去，不是看上去庞杂，就是走进去拥挤，自己有的时候想想，也觉得烦闷不已。

我们都看过国画，中国国画与西方油画不同，西方油画每一寸画布都被浓重的油彩涂满，以色彩吸引人的眼睛；国画却常常是一张白纸上，山水花鸟点墨其中，其余都是留白。这种留白，给予人们极大的想象空间。以国画大师齐白石最擅长的虾为例，齐白石画虾活灵活现，旁边不必画出水波气泡，人们自然能根据虾的形态，想象一番碧波荡漾的情致，或清水小石潭的悠闲。留下的空间越多，画的延伸性就越足。

生活中，我们做事也要注意这种"留白"。为什么那些有智慧的人总是让人感到"游刃有余"？就是因为他们不把事情做满，说话也会留上三分，做到，皆大欢喜；做不到，也不会让人太过失望埋怨。如想要做一个计划，留下的机动时间越充裕，事情就会进展得越顺利，如果满满当当地排满每一分钟，一旦有变数，就会耽误一大串后继行动，导致最后失败。

一天，一位农民接到了哥哥的书信，说某月某日自己会去弟弟家里做客。农民看了大喜，在哥哥到来的前一天，他一大早醒来，给儿子一张物品清单，让儿子去山外面的集市准备买新鲜食材，儿子知道伯伯要来，也很开心，赶着驴子出了家门，说一个时辰肯定回来。

一个时辰之后，儿子没回来；两个时辰后，儿子还是没回来。农民左等右等不禁开始担心：难道儿子出了什么意外？他和妻子不放心地找了出去，在附近的一座独木桥上，看见了自己的儿子，只见儿子牵着驴，驴背上驮满货物。他对面站着一个小孩，也牵着驴，两个人大眼瞪小眼，谁也不肯让谁一步，就这么僵持着，不知待了多久。

> 天海之间的距离之所以辽阔，那是因为大自然襟怀无限宽广。

"糊涂虫！"农民骂道，"你让他一步，不过耽误一分钟，就因为你不肯退让，已经耽误了一个时辰，你还准备误多久？"话刚说完，两个小孩同时退了一步，都觉得很惭愧。

妥协是人际关系中最好的润滑剂。当两个人为一个问题吵得面红耳赤，如果有一方愿意说："我觉得你说得有一定道理，只是和我的想法不同。"剑拔弩张的气氛立时就能缓和。多数时候，人与人之间其实只是观点不同，没有谁对谁错，但有些人偏偏喜欢步步紧逼，在他们看来，退步就是认输，自己并没有错，为什么要退？与其说他们过分在乎自己的观点，不如说他们过分在乎自己的面子。

还有一种人在做事时有点小心眼，总给自己留一手，而且为这种事沾沾自喜。其实你给别人留一手，别人自然也要跟你留一手，甚至留几手，双方如果不能坦诚，就会顾虑重重，合作空间就越来越小。有的人也想坦诚，但坦诚带来的不仅是更多的了解，还可能是争执，这时候，不妨再大度一点，学会如何对他人妥协。

妥协意味着双赢。人与人之间为何争执不休？在于他们要争取各自的利益。没有几个人能够做到百分百得利，只能在有限的空间中保持自己的生存与发展，这就需要向对手让上几步，让大家都能得些利益，事情才能继续做。事实上，让利的结果并不是亏损，有的时候会带来更多的合作机会，让自己发展得更快，对手亦然，这就是双赢。

天海之间，为什么给人以辽阔无尽之感，就是因为那中间空间太大，这就是大自然的襟怀。人和人的相处也是如此，你心胸大，不计较旁人的失理，不去没事和别人生气，在利益问题上，肯退个一步半步，别人自然也会投桃报李，你们之间的空间也会不断增大。想要海阔天空，空想没有用，先要打开自己的心去接纳，不然在狭小的空间里很难有大发展。

◎ 放低姿态，放平心态

寺院里有个和尚桀骜不驯，因为自己从小便有慧根，又有师父宠爱，不论做什么事，都是一副志得意满的样子，尤其爱争强好胜。每个月，寺院会组织僧人一起研讨佛经，他总是在别人说话的时候吹毛求疵。如此几次之后，寺里的方丈决定给他一个教训。

方丈命和尚每天都要去山后的一座小寺，给住在那里的一位禅师送吃食。禅师住的地方房屋低矮，门更是又低又挤，第一天去的时候，和尚被门壁狠狠地磕了一下脑袋，一连几次，习惯昂着头的和尚不是撞了门，就是撞了手，他向方丈抱怨，说想要换个差事。

"什么？"方丈不悦，"无知的东西，你可知那里住的是谁？那是寺里最有学识的前辈，我让你每天送吃食给他，是给你一个向他讨教的机会，你竟然如此不知珍惜！"

看方丈发怒，和尚连忙说："为什么这样的前辈会住在那么低矮的屋子里？"

"是啊，智慧最高的人都知道矮屋子即可住人，那些眼高于顶的人，即使头撞了门框，也依然不知眉眼高低，真让人无奈啊！"方丈不客气地说。

在别人面前，人们希望尽量抬高自己的身份，让别人认为自己与众不同。有些人没什么能力，摆了姿态滥竽充数，能骗一个是一个，这样的人过不了多久肯定露馅。更多的人是肚子里有几点墨水，身上有些技能，觉得自己高人一等，这才开始摆姿态。就像故事里的和尚，眼高于顶，却有眼不识泰山，难怪一次次碰壁。

人们为什么不肯放低自己的姿态？究其原因，是不够自信的缘故。他们端着架子不肯弯腰，就是为了别人始终看着他们。而真正有实力的人反倒不在乎这些，他们起立或者弯腰，都是一种姿态，起立的时候，人们看到的是他的耀眼之处；弯腰的时候，人们赞他们谦虚；有时候他们还会跌上一跤，尽管有人嘲笑，但更多人认为这是真实，而且当他们毫不在乎地站起来，人们更明白为什么他们是成功者。

能够放下姿态，也是个人襟怀的体现。就算别人真的不如你，你又何必一定要摆出比他高一等的样子？就算你没有那个意思，别人也认为你是在显摆，这无异于在替自己拉仇恨。何况别人真的比你差吗？就算他在某些方面远不如你，总有一方面比你强，就为了这点高明，你也该尊敬别人，不要以为自己十全十美，更不能看不起他人。

一次市级羽毛球比赛结束了，获得冠军的那位运动员正在接受记者们的采访，人们问他获胜的心得，他说：“我认为这次胜利并不完美，因为我一直以来的对手郑先生因病没有参赛，大家都知道他的实力，如果他参赛，也许站在这里的人就会换上一个。”

在场的记者和观众热情地为冠军鼓掌，冠军的话，非但没有降低他的光彩，反而让人们看到了他更加高尚的一面，这样的人，才有真正的胜利者风度。

什么是风度？胜利的时候不是扬扬得意，看到自己的不足，看到对手的努力与优点，给失败

> 能够放下姿态，也是个人襟怀的体现。

者以掌声，而不是嘲笑对方一败涂地，这才叫完整的胜利。那些看不起对手，看不起别人的胜利者，胜的是场次，输的是人格。想要拥有真正的成功，一定要有成功者的襟怀：成功者，最重要的不是赢得起，而是输得起。

唐代有个诗人叫孟郊，考了很多年科举，终于高中，得意地写下了"春风得意马蹄疾，一日看尽长安花"，有人看到这首诗，皱着眉说："长安的花一日看尽，以后还看什么？"果然，这个孟郊一生都是个小官。他以为中举就有了张扬的资本，却不知世界很大，中举只是第一步，没有眼光的人，也只能走那么几步，再也不能前进。

人们总希望自己有"身份"，因为身份决定身价，这种愿望多数时候是可爱的，如果与虚荣心结合，就会让人面目可憎。习惯高高在上的人，再也走不下来，他们的路越来越险，甚至只有一条，还是死路。比起那些漂浮在天空的张扬者，有智慧的人宁愿自己低一点，再低一点，最后低成滋生万物的大地，如此一来，未来才能有更多的可能，让自己随意绽放。

第三章 风雨,不是挫折,而是锤炼

人生难免经风历雨,面对得失成败。理想与现实之间相隔多远,人就要走多远,甚至更远。而前进道路上的曲折坎坷,与其说是挫折,不如说是锤炼。成功需要智慧,无数次的挫折,无数次的尝试,从失败的瓦砾中得到的便是经验。学着坚定、谨慎、从容,才能离预定的目标越来越近。

◎ 不要让焦虑毁掉当下

晚来天阴,乌云齐聚,山脚寺院里传来诵佛的声音,一个小和尚却不住溜号,敲木鱼的时候明显节奏不对,时快时慢,似有什么心事。

住持不悦,问小和尚为何心神不宁。小和尚吞吞吐吐,终于说了原委。原来多日前小和尚上山时,发现一只失去母亲的雏鹰,他看小鹰无依无靠,就给它在山崖上找了一个窝,让它居住,每日照顾。现在,眼看着大雨将至,小和尚担心小鹰的性命。

"不必担心。"住持说,"雄鹰都能搏击风雨,你护得了一时,护不了一生。"

一夜暴风骤雨，第二天，小和尚匆忙赶去山崖，没走几步，就看到一只翅膀长好的雏鹰在湛蓝的天空上飞翔，小和尚终于相信了住持的话。

雏鹰的翅膀如何能变得坚硬？要靠它一次次冲向天空，甚至搏击风雨。正如故事中住持所说，成长是一个人的事，没有人能照顾你一生一世。而风雨，就是锤炼的过程，你经历过，战胜过，就成了强者，就有了更多对抗困难的资本。故事中的小鹰在风雨后飞上天空，现实生活中，人们正是一次次克服逆境，使自己变得优秀。

人们经常为自己的处境产生焦虑心理。世事难以如意，所有的路程都不能一帆风顺，总会出现或大或小的波折，灰心丧气在所难免。特别是自己不论如何努力都做不好，别人却轻轻松松步步高升时，那种焦虑更加明显，足以让人睡不着觉。现代人为什么那么容易失眠？因为他们认为自己机会不多，必须抓紧每一个，所以才会事事担心，希望事事顺利。可是，焦急的结果常常是事与愿违，让他们更加一蹶不振。

美国有个很热播的电视剧叫《越狱》，男主角一次次靠智慧越狱，从另一方面证明了人不能屈从于处境，当处境给了你不公，给了你屈辱，一定要想尽办法突破。不论是增加智慧还是增加能力，要用尽一切努力，才不会被处境压垮。有焦虑的时间，不如去动脑筋，去请外援，一次次自伤身世有什么好处？做出一番成就才是最好的选择。

经过十几轮的笔试面试，小美终于得到了梦寐以求的工作：一家电视台的节目主持人。她很珍惜这份工作，希望做出成就。

可是，刚工作一天，小美就发现这个工作很麻烦，电视台主持人很多，多数都兼任记者，王牌节目只有那么一两个，人人都盯着。小美年轻貌美，刚一进来就让很多人不满。在最初的一个月，小美处处被人打压，做什么事都不顺。因为别人的小报告，小美的上司也对她充满意见，总是批评她，小美本来是个爱笑的人，在这个环境下，每天都笑不出来。

> 要随时随地为自己增加获胜的砝码。

在这种喘不过气的环境中，又开始有了关于小美的流言，说以小美的能力，根本进不了电台，她能得到这个职位，是因为台里的一位领导。小美被这个流言彻底激怒，她突然明白自己解释也没用，只有真正地做出成绩，才能堵住别人的嘴。从此，小美再也不理会别人说什么，也不费尽心思和人维持关系，而是专心致志地做自己的工作。她的节目收视率越来越高，关于她的争议也越来越少。一年后，小美在电视台站稳了脚跟。

小美的处境可谓处处不如意，看得出来，她为维持好人际关系殚精竭虑，但是，她的忍耐只让别人觉得她软弱可欺，更加肆无忌惮地针对她。后来，小美放弃委曲求全，她把成绩当作对流言的回击。小美这样的人是人生的强者，他们能够牢牢地把握命运，不论遇到什么样的困境，都能重新焕发生机。

风雨中，如何保留一颗慧心，让每一次磨难将原本混沌的心境打磨得更圆润、更明晰？这需要你坚定自己的目标，要明白所有风雨不过是锤炼，你不能跟着它东倒西歪，越是猛烈，越要抱定目标，不屈不挠。要知道，在乎流言的人，只能被流言拖着走；在乎成功的人，只会向目标奋起直追，还是那句话，你在乎什么，就决定你能得到什么。

要随时随地为自己增加获胜的砝码。不论是学识上的丰富，还是人际上的圆融，你吸收的东西越多，就能让自己越有分量。这些东西永远不嫌多，只会嫌不够。不要放弃任何一个学习锻炼的机会，即使那会减少你的娱乐时间，打乱你的计划——随时调整自己的能力，才能把握住每一个来之不易的时机。

还有，被动地接受锤炼，不如主动锤炼自己。一开始就处在顺境中的人，其实比逆境中的人更危险。他们习惯了风平浪静，走得越远，就越不知道如何应对风暴。而那些从逆境中跋涉而来的人，身经百战，早已习惯了周详布局，临危不乱。在年轻的时候，不要追求所谓的顺利，主动去风浪中接受最强的锻炼，只要通过考验，你会获得一生中最宝贵的财富：经验、勇气、智慧，还有生生不息、不向任何环境低头的力量。

◎ 历经沧桑，终见月明

佛殿位于一座山峰之上，每日香火不绝，大殿上的佛像宝相庄严，让人望而生敬。但是，大殿外的铜钟却对佛像很是不满，经常愤愤不平。

有一天，铜钟忍不住对佛像抱怨："虽然佛家说万物平等，此下就有一件大不公平的事。为什么你每天都会受人膜拜，这也就算了，每当人们拜完你，就会用大木槌撞我一下，你说为什么我每天都要忍受这种痛苦？"

佛像并不介意铜钟的无礼，对它解释道："钟啊，你不必羡慕我，想当初，我经过工匠一刀一斧的锤打，每一下都是钻心刺骨的疼痛，然后又用高温一直烧，不知经历了多少天，几乎九死一生才有了今日的模样，才能够看到芸芸众生的苦楚，所以我能理解并宽容他们。你不曾经历过我经历的痛苦，还没有这样的心胸，哪里能够享受旁人的鲜花和掌声呢？"

铜钟听了惭愧不已，再也不敢乱发议论，每天都尽职尽责地鸣响。转眼间，几百年过去，它再也不会忌妒大殿上的佛像，也不会责怪那些将它撞疼的人，它想，众人会撞它，都是因为心里的虔诚或有所求，如果它的声音能给人一些安慰，这不也是件好事？就这样，钟的声音越来越浑厚清越，成了举世闻名的佛钟。

　　人们常说人世沧桑，那么什么是沧桑？这里有一个神话典故。据说曾有一位神仙对另一位神仙说："自我上次见你，沧海已经三次变成桑田。"沧桑，就是沧海桑田，就是人世无法逆转的变化，它不会随任何人的心愿，甚至让人无力。谁都曾体会过人生的无可奈何，顶峰的风光过后，就是谷地的沉寂，最后，风光也好，沉寂也好，都变为回忆中的一缕轻烟消失无形，这时候再回头细细回忆往事，心头涌上的感觉就是沧桑。

　　沧桑让人变得宽容，因为世事变迁，曾经恨的人，去世时向自己忏悔；曾经爱的人，已经与别人白头偕老；曾经在乎的东西，到手后发现不过如此；曾经未完成的心愿，仔细想想就算达到，也未必会满足……时间会改变很多东西，也让人变得体谅，既然自己已经为难过了，为什么还要为难别人？当你遭受苦难的时候，你以为别人都在享福？的确，有的人正在享受幸福，但在那之前，他也许比你更苦。所以，不必忌妒，也不必羡慕。

　　一个贫穷的农夫与妻子每天辛苦劳作，却经常吃不饱饭，因为他们有五个孩子，只有一个大到能干农活。农夫家隔壁住着一个严肃死板的老人，儿子在城里经商，每个月都给父亲送很多木柴、稻米、肉类，都放在仓库里，那仓库紧挨着农夫家的房子。

> 人的智慧就在沧桑之后产生。

有一天，农夫的孩子饿得直哭，农夫急得团团转，突然发现老人的库房能开出一个洞：这库房是用木头盖的，有几块木板能够抽出来，刚好能爬进半个身子。情急之下，农夫偷偷去老人库房里拿了半碗米，解决了燃眉之急。日子依旧艰难，在活不下去的时候，农夫只能厚着脸皮，在老人的仓库当小偷。尽管他每次拿的东西都不多，但他心中还是觉得羞耻不已——因为老人的东西也不多。他甚至不敢和老人打照面。

几年后，农夫的孩子们都能下地干活，家里的生活一天比一天好，农夫把一年最好的粮食和从城里买来的肉送到老人家里，诚心诚意地请他原谅。老人说："没关系，你每次来拿我都知道，所以你不算偷了东西。"农夫大为惊讶，老人和蔼地解释："你的家里那么困难，做这种事并不是出于本意。"老人的宽容，让农夫大为感动。

老人并不是富翁，农夫就算有再艰难的理由，偷窃仍然是偷窃，可是，老人轻易就原谅了他，并不责怪。农夫的每一次偷窃老人都知道，他不点破，是因为他同情这个农夫。也许老人年轻的时候，也有忍饥挨饿的经历；也许老人本性仁慈，不忍心看到农夫一家遭遇不幸。就因为这种宽容和温厚，农夫一家得以渡过最困难的时期，终于过上好日子。如果没有老人，他们也许早就潦倒困苦，因饥饿而死。

对于农夫而言，他以后会渐渐过上富裕的生活，他会不会像老人一样，帮助那些困苦的人，还是个未知数。因为也有一些受过苦日子的人，再也不想受苦，而变得吝啬异常。不过，多数人都会因这样的经历感恩知足，并把这种爱心发扬下去。也许农夫变老后，也会像老人一样，帮助下一个贫穷的邻居。

每个人的成长都可以用"沧桑"形容，有些人因沧桑变得慷慨，有些人因沧桑变得自私，人与人的区别就在这里产生。在过往的经历中，难免会有苦痛，人们的对待方式也不一样。有的人对痛苦避若蛇蝎，有些人却把它看作一场磨炼，认为心灵应该在磨炼中渐渐坚强。

人的智慧就在沧桑之后产生。经历过的人与事历历在目，足以让你辨别是非善恶，懂得生命的过程，通晓事物的道理。沧桑的经历，也许是人生最大的课堂，你需要的一切，都能在其中找到，都能在其间领悟。而所谓智慧，就是在逆境中为自己撑一把伞，挡住那些风风雨雨，在蓦然回首的时候，给自己的心灵留一片晴空。

◎ 不要重复昨日的伤痛

有一个伤兵回到出生的村庄，他在战场上被敌人用子弹射伤，子弹已经取出，可是，他受到了很大打击，遇到一个人，就要剥开伤口，给对方看他的伤。老乡们争着告诉他保养伤口的方法，劝他尽快疗伤，忘记战场上的不快，可是，伤兵仍然继续给别人看自己的伤口。

有一天，伤兵的伤口感染，死在一个清晨。村民们怀着遗憾的心情埋葬他。山上的禅师听到这件事，对弟子们说："这个人会死，不是因为伤口，而是因为他不断伤害自己。"

总是重复一个动作，就会因习惯而产生麻木，但痛苦却不是如此，重复痛苦并不能缓解痛苦，只会让它一次一次深化。痛苦就像伤疤，重复一次就是重新感染一次。智者说出的话，总是一针见血，富有见地。饱经沧桑的人有两种，一种是风轻云淡，对过往的一切早已看透看破，不会刻意提起，就算提起，也不会再次沉溺下去，徒惹痛苦。这样的人爱护自己，知道灵魂既然已经受尽风吹雨淋，就应为自己撑起一方安逸的天空，让那些伤痛像浮云一样流走，只留得心中的安宁。

另一种人就像故事中的伤兵，他们害怕别人不知道自己的伤口有多深，一定要让别人看到，同情、安慰。但是，那些安慰的话语从别人嘴里说出来很轻松，从自己的耳朵进入心里却很难。一次次地复习伤痛，只能让伤口不断感染，让疼痛日渐加深。他们的天空一直笼罩着凄风苦雨，不是别人不肯同情，是他们不给自己喘息的机会。

生活中谁都会遇见痛苦，把痛苦说一次，就是复习一次，直到这痛苦成为枷锁，把心灵牢牢锁住；或者滚雪球一样越来越大，把精神完全压垮。可是，重复痛苦究竟有什么益处？如果仅仅为了发泄，那么日复一日的发泄为什么不能使心中的抑郁有片刻的减少？不是因为痛苦不肯放过他们，而是因为他们自己不想放开。

为什么有些人，把痛苦看得比生命更重要？因为之所以痛苦，是因为痛苦中蕴含着一段宝贵的回忆，也许是人生中最重要的经历。这样的经历，错过了，失败了，或者失去了，会觉得自己格外悲惨，因为那些错过的东西不会重来，自己似乎丧失了一切幸福的机会，再也看不到希望。抓住痛苦，就是抓住这段经历的尾巴，证明自己曾经拥有过。

> 一次次地复习伤痛，只能让伤口不断感染，让疼痛日渐加深。

每一颗心都会经历痛苦，把痛苦变作回忆，偶尔提起；变作动力，化悲愤为力量；变作经验，防止下一次失意，这些都是明智的做法。最怕的就是将它变成心中的毒瘤，阻碍其他正面情绪的成长，让心灵始终沉浸在阴影中，不见天日。每一份郁结的情绪都有解脱的可能，关键在于你愿不愿意。

聪明的人应该尽快告别痛苦，不论是找身边的人尽情倾诉，还是以忙碌暂时麻木自己，或者干脆另起炉灶，开辟一个新局面。告别痛苦的方法并不少，最简单的一种是去做你认为快乐的事，例如马上去打你最爱玩的网游，马上去淘精品店的衣服，马上订一张机票，去你一直想去的地方走走。生命说长也不长，大好时光不能用来痛苦，还是尽量找一些让自己心情愉悦的事，这才是聪明的活法。

◎ 拿得起，也要放得下

一位禅师在山间散步，一个中年人坐在别墅前画画，看到禅师，礼貌地请他进去喝茶谈天。中年人说："出家人一无所有，走到哪里，都是过客，虽然洒脱，到底清冷了些。"

禅师想了想，问："这栋别墅现在的主人是你对吗？"

"是啊，我在这里住了四十年了。"中年人说。

"那么它以前的主人是谁？"

"我的父亲。"

"再以前的呢？"

"我的祖父。"

"如果你去世了，这栋别墅属于谁？"

"当然是我的儿子。"

禅师微笑着说："所以，这栋别墅终究也不是属于你的，早晚有一天会是别人的,你和我有什么不同?都是这栋别墅的过客而已。"

中年人的别墅想必很舒适,让他很骄傲,并以此同情过路的禅师。但禅师告诉他,他们都是过客,没有什么不同。相对于漫长的时间,谁不是过客?哪种拥有能够长久?就算拼尽力去抓住一样心爱的东西,又能抓多久?不如更多地关注自身,让心爱之物与自己做个陪伴,能够长久自然是好,不能长久,亦可随缘,不必痛彻心扉。

有什么东西是我们放不下的呢?就拿我们都在乎的成绩来说吧,想要新成绩,必须先放下旧成绩。如果有一天,我们厌烦了考卷,那不管新旧,我们都要放下。而且,霸占一样东西在手里又有多少意义?到手的那一刻是喜悦的,但很快,它就会变得陈旧,变得沉重,变得没有当初的感觉,让人后悔不应该总是把它拿在手里,那样做至少感觉能更长久。

拿得起放得下,这是一种洒脱的智慧。故事中的中年人倘若总是留恋家中的温暖,自然就不能领略禅师徜徉山水的潇洒自在。

丝丝从小就是个手工艺品爱好者,她在读幼儿园的时候就会采集各种各样的鲜花做成造型独特的书签,这些书签用干花配着毛线、原木、彩纸等东西,拿在手里是种享受,就连幼儿园的老师都会托丝丝帮她们做书签。长大一点以后,丝丝的爱好一发不可收拾,她既能用毛线织各种各样的衣服,又能将布匹裁剪成窗帘、床单、桌布,并自己绣花。她还能用泥巴、铁丝、陶土等东西做手工艺品,她在这些创作中得到了极大的满足。

丝丝十几岁的时候,开始面临升学压力,父母给她分析:如果丝丝继续把时间都用在手工艺品上荒废学业,她今后就要吃这碗饭。但是,在他们生活的小镇,很少

> 选择,意味着放弃。

有人愿意花钱去买手工制品，如果丝丝想要开一家网店，也不能制造大批量货物，不能赚足够的钱养活自己。父母让丝丝慎重考虑未来的计划。经过思考，丝丝承认她的爱好只能作为业余爱好，只有在自己有了正式稳定的工作后，才能继续发展。所以，丝丝收起了她经常构图的本子，把多数时间用在考试和复习上。

对于丝丝这样一个把爱好当作生活重心的女孩子来说，为了未来学业暂时搁置爱好，是一件痛苦的事。往好了想，安定之后，爱好仍是爱好；往坏了想，以后越来越忙，真的还会有现在的激情吗？而人在面对这种事时，即使嘴上说着好的方面，心里想的也是最坏的结果，说不痛心，都是假的。

选择，意味着放弃。因为世间事情遵循着一种大范围的公平，鱼和熊掌，你得到一个，就要失去另一个；就算全得到，你也没有那么大的胃；就算全吃下去，鱼的鲜美被熊掌抵消，熊掌的真味也受了鱼的影响，两样都没能让你满意……两相权衡，还不如专注于一边，享受个淋漓尽致。可惜世人不懂这个道理，总以为得到越多就越好。

谁都会面对选择，那么面对选择的时候我们究竟应该定一个什么样的标准？首先要排除那些过于虚幻的选项，有些东西看起来很美，但和自己无关，就像一个胖人，不必选一件纤瘦的礼服；然后要尊重自己的喜好，有一个喜好并不容易，那是让我们能够快乐的事，如果可能，尽量保留这一个，哪怕仅仅是一部分，它会成为支撑我们日后心灵的净土。

最重要的是考虑今后的出路。人生最根本的东西是未来，或者说，是个人的核心能力。这种能力需要一个明确的中心，即人要以什么方式生存，其余不论学识还是人际还是生活，都要围绕这个中心展开。所以，不管做什么选择，或多或少都要考虑你的人生核心。当然，核心也可能会发生转移，例如一个爱情至上的人，很可能在事业与家庭的冲突中选择后者，只要他认为自己幸福，这种选择就没有错。

选择想要的不是最难的，放下那些不想要的才难。一定要有这样一种悟性：没选择的，就是与自己无关的，是好是坏，都在自己的生活之外。自己需要做的是珍惜来之不易的选择，让自己做到最后，唯有如此，才不会给自己后悔的机会，生命才是一条上升的直线。

◎ 把握当下，在沧桑中前行

有个人进入一家奇怪的旅馆，那旅馆里什么都有，不需要支付任何费用，在巨大华丽的房间里，摆满了各式各样的衣物、宝石、食物，每天都有源源不断的新品种送到面前供人享用，这个人决定永远住在这家旅馆。

可过了不到三个月，这个人就心生厌倦，他在这里什么都有，却没有生活的动力，他希望和过去的朋友联系，哪怕会发生争吵；希望去做一些有意义的工作，哪怕薪水低廉；希望自己做一些食物吃，哪怕不那么美味……他向旅馆主人提出退房，旅馆主人说："这个旅馆一旦进入，就不能离开。"

"那我一辈子岂不是只能这个样子？"那人急了。

"别人在受苦，你在享福，这个样子有什么不好？"旅馆主人问。

那个人一时语塞，他说不出哪里不好，只能说，他不是在生活，而是在虚耗生命。

虚耗生命是一件极其可怕的事。就像故事里的人，他看上去什么都享受了，其实没有一样属于他自己，他没有付出，就得不到心理上的充实感，没有什么值得回忆的东西。他一天比一天老，一天比一天觉得没意思，时间完全被浪费。如果我们好不容易活一次，每天只能过这样的日子，不论对谁，都是一种悲剧。

死亡是什么？死亡就是生命的停止。故事中的人之所以想要离开旅馆，是因为他发现自己离生活越来越远，他的生命完全停止在这间旅馆里，和死亡没什么两样。从某种意义上说，他还不如医院里那些病人，病人能与亲人交流，积极地对抗病魔，阅读、娱乐、散步，享受生活，只要把握了此刻的分分秒秒，他们的生命就有意义。

很多人认为历经沧桑就要停下来，其实这也是一种误解。那些有沧桑感的人更不会让生命停止，他们比任何人都理解生命的宝贵。看看那些老人就知道他们在乎什么，他们不再参与复杂的人际纠纷，而是在简单的爱好中颐养性情；他们不再终日奔波劳累，而是有节制地劳作，让自己有更多时间休息；他们不再追求不切实际的目标，而是珍惜对待已经拥有的事物——他们不是没有能力，而是把精力放在最在乎的那些事上，这也是一种前进。

> 在前进的时候，我们常常因为目标，忘记了今天的重要。

军队正在行进，这个时候，前方跑来一个穿着军服的士兵，他的衣服都破了，脸上淌着血，神色慌张焦急，他一边跑一边大喊："前方失守了！快逃命吧！我们的根据地已经被敌人占领了！"士兵们一听，顿时大乱，很多人扔下自己的枪，开始向后跑，希望能在敌人到来之前逃走。

只有一个连长对他手下的士兵说:"前方就算失陷,我军也不会全军覆灭,我们要赶快去接应,才能救得了他们,保存我军实力!"这个连的士兵平时最敬佩这位连长,谁也没有逃走,而是跟着他加快速度,直奔根据地。

到了根据地,士兵们发现根据地好好的,根本没有被攻陷,这时传来消息,说那个大叫"失守了"的士兵是个间谍,他谎报军情,是要把大军引向后方的一个山谷。接到消息的那一刻,那些逃跑的士兵全都中了敌军的埋伏,不明不白丢掉了性命。

也许你也想过同样的问题:为什么流水从来不回头?因为流水从流动的那一刻开始就有自己的方向,它们要走向更开阔的地方,或者需要它们的地方。所有生命都是一个向前的过程,如果你擅自退后,无异于做了逃兵,也许还会中了敌人的埋伏,得不偿失。而如果你不能一直向前走,遇到的不一定都是好事,但至少有意义。

在有智慧的人看来,万事都是学问,生命的前进当然也是如此。人们在走路的时候,如果时时担心摔跤,难免把注意力都集中在自己脚下,以致忘记看前方有什么,两边有什么。但要是一味勇往直前,根本不看脚下,也容易被路障绊倒。所以,最佳的方法是既要眼观六路耳听八方,又要有坚定的前进方向。当然,前进的方向也并非不能改变,当你发现路线错了,或者前边是个死胡同,这时候务必要赶快回头,不过,这种回头并不是退后,从生命整个过程来看,它不过是一次小小的逆流,或者说,是在冲刺前向后退几步,为的是跑得更远。

在前进的时候,我们常常因为目标,忘记了今天的重要。因为心里总想着加快步伐赶路,风雨兼程之余,根本无暇顾及路边的风景。这一种焦急的心态虽然能让你尽快到达目的地,却因为没有用心感受中途发生的人与事,错过了很多东西。同样的一条路,别人得到的是九分,你却觉得自己只得到五分,原因就在这里。

我们都在沧桑中前进,苦乐参半,有时候还会丧失信心。这时候一定要鼓励自己不要忘记,我们生命中最重要的事,就是今天,就是此时此刻。无数个明天都从此时开始。千里之行始于足下,每一个今天,我们都在努力向未来出发。

◎ 不要纠结无法逆转的事

一个牧民早起去山坡上放羊,他有个习惯,就是每天都要数一数羊的数目,把几百只一只一只数过来数过去,数上几遍才放心。今天,他怎么数都发现少了一只羊。牧民心情很差,更糟的是第二天他去放羊,发现又少了一只。

牧民去寺里找熟识的法师哭诉,请有智慧的法师想一个找回羊的办法,法师说:"听说这附近来了一只狼,想必是狼吃了你的羊。"

"如果这只狼不出现就好了!我的羊就不会少!"牧民悲愤地说。

"狼已经出现了,你再这样想有什么用?如果你没有能力打死狼,就想想该怎样保护你的羊吧。"法师说。

羊死了,需要做的事是保护羊,而不是哀哭或者恳求狼不要再来。有些事,特别是那些已经发生的事,首先要做的不是改变,而是接受。这种时候接受往往意味损失，人们都会心不甘情不愿。可是不接受只会让损失更大，白白浪费补救的时机。与其负隅顽抗，不如赶快想退路，想出路。

人生的无奈之处在于，很多事情我们能够预料到结果，却再努力也无法逆转。如果真有不公平，也不单单作用在你身上，你有好的一面，自然会有不如意的另一面。

也有人试图改变不可逆转的事，例如足球比赛比分差距悬殊，两队能力也悬殊，胜负没有悬念。这时，落后那一队的后备席上突然站起一匹黑马，下场后几个进球扭转乾坤。这种事看似是逆转，其实也是因为有黑马的能力在。而我们说的"无法逆转"，是在情况与能力都不允许的情况下，不要白费心思和力气，干脆一点，承认差距，下次再战。

日本是一个多山多地震的国家，那里的人历来饱受地震侵扰，经常遭受巨大损失。不光是地震，每年夏天都有台风过境，小的时候瓢泼大雨，大的时候树木被折断，房屋有时也不能幸免，此外还有可能造成水灾。

在这样的国家居住的人，早就习惯了应对灾难。房屋的建造和构造，都是为了尽可能减少自然灾害的影响。所有灾难地区生活的居民，仍然能够安居乐业，就是因为他们既有承受灾难的心态，也有对抗灾难的准备。

有些事情注定不能改变，例如地理位置刚好在板块交界处的国家，无法避免接连不断的地震。但是，人们不应该被动地接受一件事，而是应该积极应对，把损失减少到最小。我们不能改变的，是事情的进程和结果，但我们能够改变的，是事情对自己造成的影响。如果一个人能把给自己带来巨大压力的事，变成一件可有可无的小事，他就是智者。

> 当事情不能改变的时候，我们应该考虑如何改变自己的观念。

当事情不能改变的时候，我们应该考虑如何改变自己的观念。例如一个人身高不够，不能实现他的篮球梦想，那么他就应该考虑去踢足球，去打乒乓球。也许有人说："我就爱篮球！"这就是典型的想不开要钻牛角尖。而是事已至此，你必须给自己找一条出路，这条出路应该从一开始就去选择，而不是在你受尽挫折，发现自己"不行"之后，才不甘不愿地去"转型"。而且只要你观念转得快，就会发现"足球"也没什么不好。

普通人总是想改变环境，智者永远思考如何改变自己。改变自己，并非让自己面目全非，原则丢掉，爱好丢掉，自我丢掉，而是在一个大方向上，修正一些小路线。当然也会有这样的时候，连大方向都出了问题。这时，更要发挥冷静的头脑和果断的决策力，及时扭转乾坤，让自己走上最对的方向，防止以后后悔和对前途的耽误。

◎ 看透，才能心安

一位禅师路过一座山，看到一位老农在地里正睡得酣畅，身边一头瘦牛悠然地嚼着草。禅师刚好也要歇脚，就在树下打起了盹。醒来时刚巧农夫也醒着，两个人聊了起来。

农夫说到最近官府修了条官道，村里的人都把锄头换成远行的驴子，从山里运出矿石等物出去卖，换回来绫罗绸缎，很多人如今不再种田，住上了大房子。禅师问："既然如此，你为什么不这样做，反而在这里耕田？"

"你说，他们赶着驴子，风雨兼程走山道、去城里，是为了什么？"

"当然是为了能够悠闲自在地生活。"禅师回答。

"那么,我现在的生活难道不悠闲吗?"农夫说着,再次睡了过去。禅师恭肃地合十行礼,说:"今日才见真智者,请受贫僧一拜。"

老农一辈子耕种土地,看到了发财的机会也不愿去拥有。因为他知道,所有的追求不过是为了一份安乐的生活,只要心中安泰,卧在地头睡觉,与躺在豪华的房子里并无区别。禅师所敬佩的,正是这种看透世事的心胸。比起那些为了金钱蝇营狗苟的人,这位酣然入睡的老农实在是个高明的智者,他省略了多少周折,直接抵达了心安之处。

经历沧桑之后,最重要的是什么?看透。看透人世的纷繁,看透人与人的冗杂,看透追求背后的目的,看透每双眼睛后面有一颗怎样的心。我们常常说那些老人见识多,看别人几眼,就能把这个人的个性、缺点说透,就是因为他们世情看得多了,知道某一种眼神代表的是什么企图,某一种行为反映的是什么习惯,每一句话背后又有什么含义。沧桑给人的最大礼物,恐怕就是这种"看透的智慧"。

看透别人固然重要,看透自己更为可贵。人生一开始都在做加法,给自己附加各种能力与头衔,就像把一个空屋子里放满各种各样的家具、花卉、摆设,以为这就是成功。看透的人却开始做减法,他们把屋子里的东西能送人就送人,能丢掉就丢掉,最后剩下那些最重要的,看上去清爽开阔。这时候他们的心灵也变得清明一片,很少有烦恼能去打扰他们。

还有,看透并不意味着虚无,看透的人从不否认自己的努力,也不认为那些事没有意义,他们仍旧会鼓励年轻人去填满自己的屋子。他们的看透,是在长久的感受和琢磨中,看到了自己不需要的部分,看到了太多附加物只是负担,然后有选择性地开始

> 看透的最高境界,恐怕就是看透生与死之间的距离。

舍弃。但不代表那些东西不好，也不代表他曾经的感情是错的——世易时移，仅此而已。

一艘轮船从旧金山开往伦敦，海上突来的大风暴让轮船颠簸摇晃，似乎马上就有沉船的危险，惊慌的人群中，一位高龄老太太不慌不忙地提醒人们照顾好自己的孩子，不要让他们害怕。大约过了一个小时，风暴才平息，轮船终于恢复了平稳。死里逃生的人们舒了一口气，他们发现老太太自始至终神色如常，不禁佩服她临危不乱的能力。

老太太笑着说："我只是一个没上过学的普通村妇，哪里有什么能力。只是，我有两个女儿，一个前年已经去世，一个住在伦敦，我正要去找她。如果轮船失事，我不过是去了大女儿那里，又有什么不一样？"这番看透生死的言语，让在座的乘客肃然起敬。

看透的最高境界，恐怕就是看透生与死之间的距离。生死之间，相距不过几秒，这短短的时间，多少人留恋，又有多少人释然。即将沉没的船上，老太太看到的不过是家常一样的事实：我要和一个女儿团聚，也许是天堂的那个，也许是伦敦的那个，不论如何，都是值得庆贺的团聚。

看透生死的人，面对死亡的时候，想到的不是遗憾，而是圆满。他们的一生固然不是十全十美的，甚至可能有许多莫大的遗憾。但是，在死亡来临时，他们更愿意想着那些让他们觉得幸福的事，想着他们得到过什么。有智慧的人不必等到死亡来临才"大彻大悟"，他们早就知晓了自身的一切，随时能够应对命运的改变。

人的心就像是一面镜子，有智慧的人会时时擦拭镜面，让心灵完整地照出自己的优点缺点，厌恶喜好；而那些忙忙碌碌却不知自己为何忙碌的人，他们的心上落满灰尘，或者发生扭曲，看到的总不是完整的自己，或者夸大，或者缩小，换言之，他们看到的并不是真实的自己。只有历尽沧桑的人，才能吹开镜子上的浮尘，看到最真实的自己，尽管他们可能已经苍老，也可能遭遇诸多坎坷，但在想开的那一刻，他们懂得了什么是自我，什么是生活。

◎ 在苦难中品尝精彩

生活是一盒巧克力，在没有打开之前，我们都不知道它的味道，也许是苦的，也许是酸的，也许是涩的，但是无论是哪一种味道，都是生活最真实的存在。我们不能总是奢求生活是快乐的，生活的美好也许就在于它的多姿多彩。所以我们要在痛苦中寻找希望，不轻言放弃，不任意抱怨，不妄自菲薄，时时刻刻给自己快乐的机会。

很多时候，痛苦来源于不自信，来源于我们不能挑战自己。

美国的布鲁金斯学会多年来以培养世界上最杰出的推销员著称于世。该学会有一个传统，那就是每期学员毕业时，会给他们出一道最能体现推销员实战能力的实习题。

在布什当政时期，学会出了这样一个实习题：请把一把斧子推销给布什总统。

由于很多年时间里无数前辈都无功而返，许多学员都放弃了角逐金靴奖的机会。他们抱怨说，这个任务非常难，因为现任总统根本不需要斧头，即使需要也用不着亲自购买。

直到2001年,一位名叫乔治·赫伯特的推销员的出现,才再次打破了这一推销极限。然而,用乔治·赫伯特自己的话说,他却没花多少工夫。他说:"我认为把一把斧子推销给布什总统是完全有可能的,因为总统在得克萨斯州有一个农场,里面有许多树。于是我给他写了一封信,信中说:'总统先生,有一次我有幸参观了您的农场,发现里面长着许多大树,有些已经枯死了。我想您一定需要一把斧头。眼下我这里正好有一把非常适合砍伐枯树的斧头,如果您有兴趣的话,请按这封信上的地址给予回复。'后来,他就给我汇来了买斧头的钱。"

曾经有记者这样问过布鲁金斯学会的负责人:26年的时间里,学会培养了数以万计的推销员,也造就了数以百计的百万富翁。难道说他们的能力真的不如乔治·赫伯特吗?为什么不把金靴奖发给他们?换言之,布鲁金斯学会不公平。对此,该负责人回答道:"这只金靴子之所以没有授予其他的学员,是因为我们一直想寻找这么一个人,这个人不因有人说某一目标不能实现就放弃,不因某件事情难以办到而失去自信。"

其实,生活中很多事情就是如此,当接到任务的时候,我们觉得这是不可能的,可是世界上的事情,只要我们肯做就没有不可能的,更多时候成功就是来自于我们的自信,生活有时候就需要不断地承受苦难,聪明的人能够在苦难中不断寻找出口,不断找到自己的不足,然后继续前进。但很多时候苦痛就是一剂良药,它会告诉我们,我们的不足处在哪里,所以正确运用苦痛的人,才是善于改正缺点的人,上帝不会轻易放弃一个人,只有爱你才会让你觉得痛

> 懦弱的人在痛苦中消灭自我,智慧的人在痛苦中寻找希望。

苦，因为只有在痛苦中我们才能最快成长。

不管遇到什么大风大浪，我们都要以乐观的心态看待问题，即使是挫折，也有可能成为我们成长的沃土。罗兰说："一个人如能让自己经常维持像孩子一般纯洁的心灵，用乐观的心情做事，用善良的心肠待人，光明坦白，他的人生一定比别人快乐得多。"

乐观其实就是能不被生活的灰尘蒙蔽，始终能保持一颗干净的心，面对任何事情，我们都能以全新的眼光去看待，始终对生活存有热情。

春秋末期，吴国和越国互相接壤，互相仇怨，经常打仗。公元前494年，吴王夫差大败越兵，越王勾践只剩下五千多名士兵，被围困在会稽山。

为了报仇复国，勾践奋发图强，采取了富国强兵的种种措施，鼓励百姓生养儿女，减轻赋税劳役，制定一系列有利国计民生的政策，对那些孤儿寡妇、生病的、穷苦的，由官府代养他们的儿女，对那些有名望有特长的人，国家在物质上给予优厚的待遇，鼓励他们为国出力。勾践自己也亲自参加耕种，不是亲自种出来的粮食，勾践就不吃，不是他夫人织出来的布，勾践就不穿。十年之内，不向老百姓收税。因而，他受到全国百姓的爱戴，老百姓纷纷请求和吴国作战，复国雪耻。

勾践一看时机已经成熟，就说："我不需要那单枪匹马的勇气，我要的是万众一心，同进同退。奋勇向前时想到国家的赏赐，畏缩后退时想到军令的刑罚；如果前进的时候不出力不听指挥，败退了却不知羞耻，这样就会受到应有的刑罚。"老百姓斗志昂扬，互相勉励，都说："看一看谁是我们的国君，能不为他去拼死杀敌吗？"

于是，勾践指挥他决心为国报仇的人民，袭击了吴国，攻入吴都姑苏（现苏州市），他的"水师"又从海道进入淮河，断绝了吴军的归路，公元前473年，终于灭了吴国。

如果没有这次失败，也许勾践永远不会知道自己的弱势在哪里，永远不能发愤图强，自己的国家也许会承受更多的苦痛。正是勾践能够在痛苦的时候还能不放弃自己才能再找回当年的威风，我们在生活中也应该如此，遇到困难的时候我们要有从困难中爬起来的勇气，要及时排除苦痛的情绪，迅速调整，去寻找解决问题的方式，以更加饱满的良好情绪投入到完善自我的努力中，唯有如此，我们才能成为生活的强者。

失败是成功之母，既然如此，要获得成功，那就先拥抱失败吧。正如有人所说，世界上没有永远的成功，只有永远的失败。即使是面临着失败，对于有志于成功的人来说，也只是成功的暂时停止，并不是失败的真正到来。

其实，有时候短暂的失败，也是自然规律起作用的结果。失败是自然而然的事情，就如同我们会感冒一样。一旦认为失败是自然规律的一部分，那就没有真正的失败，只有暂时停止成功。所以，我们说：没有失败，只有暂时停止成功。

人生在世，不可能永远成功，永远的成功会让你觉得生活很没有趣味，失败了是常有的，但是不代表着我们就常常被打败，我们必须有这样的信念，暂时的失败只是成功想歇歇脚，并不代表我们就永远失败了。我们要始终对自己抱有希望，对生活抱有信念，唯有如此，我们才能更好地乘风破浪，迎接更加美丽的世界。

◎ 只有经历煎熬，才能化茧成蝶

美国心理卫生专家指出："有十分幸福童年的人常有不幸的成年。"中国有一句谚语："穷人的孩子早当家。"两句话其实有异曲同工之妙。都透露出这样一个道理：经历过煎熬才能有所建树，吃不了苦只能被优胜劣汰的生活打败。

想要更深刻地明白痛苦对于生命的意义，可以去了解一下化茧成蝶的过程。

曾经有个人，在无意中遇到了一只将要破茧而出的蝶。

那个人饶有兴趣地盯着树上正要开始活动的茧，期待捕捉到化茧成蝶的瞬间。可是时间一点点过去，茧中的蝶始终没有挣破茧的束缚，它痛苦地挣扎着，将茧扭来扭去，却仍然被困在里面。

最后，那个观看的人沉不住气了，便用一把小剪刀，轻轻地将茧上的丝剪出一个小洞，他想让蝶轻松地出来。果不其然，没一会儿，蝶就从茧里面爬了出来，但是它的身体看起来非常臃肿，翅膀也萎缩得异常严重，蔫蔫地耷拉在两边，根本伸展不起来。新生的小蝴蝶尝试扑扇翅膀，但怎么也飞不起来，它只能跌跌撞撞地爬着，可是，爬了没一会儿，它就死去了。

蝴蝶为什么会死？因为它错过了成长必须经历的过程。蝴蝶的成长必须在蛹中经过痛苦地挣扎,直到将翅膀磨炼得强壮了,才能够破茧而出,那些不经过痛苦挣扎而生的蝴蝶最终只会以夭折而告终。

人的成长同样如此,没有经过磨难和痛苦的人往往没有能力与汹涌而来的苦难抗衡,也比不过那些从小从苦日子里熬过来的同龄人。就如哲人所说:"老年遭受艰难痛苦是不幸的,而少年未经艰难痛苦是不幸的。"

知名的IT公司惠普的前CEO卡莉·费奥瑞娜,毕业于斯坦福大学法学院。她的第一份工作是在一家地产公司做电话接线员,每天的工作就是打字、复印、收发文件、整理文件等杂活。

卡莉·费奥瑞娜的父母和亲友知道这种状况后,对她的工作表示了强烈的不满,他们认为一个斯坦福大学的毕业生不应该做这些,但是,卡莉·费奥瑞娜没有任何怨言,她依然努力地做着自己的工作,而且每一个细节都力求做到最完美。

有一天,公司的经纪人问卡莉·费奥瑞娜能否帮忙写点文稿,她点了点头。凭借自己的聪明才智和工作的热情细心,她完成的工作令领导非常满意。也正是这次撰写文稿的机会,改变了卡莉·费奥瑞娜的一生,以至于她后来发展成为惠普公司的CEO。

"蘑菇"心态:即使在阴暗的环境中,也会快乐地寻找阳光和水分。

不可否认,我们每个人都希望生活如鱼得水;我们都希望自己得到老板和上司的赏识和重用;我们也都向往着事业高升、飞黄腾达。但是,没有谁会白白地将这一切送到我们手里,我们想要获得,就只能用自己的忍辱负重和坚韧不屈去争取。

而这段忍辱负重和坚韧不屈的经历,就好比蚕茧,它是羽化前必须经历的一步,也只有那些能够忍受这一切的人才能得到阳光普照的机会。就拿魔术师这个职业而言,当他们在台上的精彩表演,获得人们惊奇的目光和赞叹的话语时,他们背后所付出的艰辛,恐怕只有他们自己才知道。

现实生活中,相信很多人都会有一段"蛰伏"的经历,但实际上,这不一定是什么坏事,这样的经历能够消除我们很多不切实际的幻想,让我们更加接近现实,看问题也更加实际。

要知道,青松受尽风吹雨打,最后茁壮生长于苍山之上,温室里的花朵灼灼其华,却因为被保护太好而异常娇嫩柔弱,它们一旦失去良好的生存环境,就会迅速枯萎、凋零。所以,我们要主动去经历煎熬,让痛苦和委屈帮助自己蜕变。

·我们需要告诉自己:无论你多优秀,在刚开始的时候千万不要怕做最简单的事情,因为促使人最终做成大事的,往往就是这些小事情。尤其对于成长中的年轻人来说,是在破茧成蝶前必须经历的一步。因此,如何让自己能够高效率地走过生命中的这一段,从中尽可能吸取经验,逐渐成熟起来,并树立良好的值得信赖的个人形象,是身为年轻人的我们必须面对的课题。

第四章 幸福，不是状态，而是感受

每个人都希望自己幸福，每个人都在寻找幸福，可幸福太抽象，没有人摸到过，也很少有人敢说："我很幸福！"难道幸福就这样可遇而不可求？发现幸福需要智慧，幸福由心决定，在于平日生活中的细节，若不用心感受就会错过。对人、对事、对物，都应有一颗细腻的心，才能收集点点滴滴的快乐。

◎ 幸福，是不变的方向

这一天，一群神色迷茫的年轻人进到寺庙里，找到德高望重的禅师，问他："尊敬的禅师，请你告诉我们，幸福究竟是什么？"

禅师没有回答这个问题，只是说："在回答这个问题之前，你们能帮我扎一个木筏吗？"

这些年轻人不明白禅师葫芦里卖的是什么药，但禅师既然开口了，他们还是很用心地去山里砍了粗度差不多的树，然后合力扎了一个结实的木筏，请禅师过目。

木筏下水的那一天，禅师让几个年轻人和他一起坐在上面，年轻人在山涧里的溪流中滑动木筏，看到景色从两边飞驰而过，他们和禅师一起高声唱歌，玩了一整个上午。上岸后，禅师问几个年轻人："告诉我，刚才你们幸福不幸福？"

几个年轻人这才懂得，幸福并不高深，只是一种简单的满足，一种体验和感受。

> 幸福存在于生活的每个角落。

如禅师所指点的，幸福是一种随时可能会有的体验，就存在于我们的生活之中，你愿意去发掘，会发现它就藏在一个一个小角落里，有时候是一顿可口的饭菜，有时候是一朵插在花瓶里的玫瑰，有时候是来自父母的电话。这些小事很简单，但不能小看，试想，如果你总是吃不到美食，总是看不到美丽的景色，总是得不到父母的关怀，你还幸福吗？

幸福来自我们的内心，是我们内心的感受。人生最高的幸福有三种，一是发现身边有很多人爱着我们，愿意为我们付出，那种被包容的安全感让我们幸福；二是通过努力，实现了自己的梦想，那种骄傲感让我们幸福；三是能够了解自我，不回避自己的短处，将自己当作一个完整的个体接受，那种坦然坦荡的感觉就是幸福。关于幸福，还有更多更具体的答案，但它们的实质是相通的：内心满足就是幸福，内心不满足就无法幸福。

幸福是人生最高财富，试着做一道简单的选择题，给你一个机会成为亿万富翁，但你的生活没有任何幸福，家人远离，朋友背叛，爱情不顺，你只能活在金钱的牢笼里过一辈子，你真的会选择这种落寞的生活，还是更愿意依靠自己的努力，掌握自己的财富，在亲友的陪伴下体味多姿多彩的人生？

一个浪漫的青年和一个现实的少女一起去山里旅游，晚上，青年一边支起帐篷，一边仰望星空，感叹大自然的美丽。少女却皱着眉说："赶快去拾柴火吧，晚上会很冷。"于是两个人一起拾来柴火，突然发现支好的帐篷已经不见了。

青年说："这下我们要体会一下'幕天席地'是什么滋味了！"少女生气地说："我们的帐篷被人偷走了！你难道不发愁吗？"青年点起篝火说："你看，我们不还有火？为什么要发愁？"少女更加生气地说："火如果熄了的话怎么办？"

青年微笑着说："火熄了的话，你还有我，我不会让你冻着的。"一瞬间，少女觉得自己非常幸福，忘记了所有的不快。

什么是幸福？很小的时候，幸福可能是一块糖果、一个布娃娃、一团泥巴，你拿到它，就觉得自己幸福；长大后，幸福变成了一个目标，或者是事业，或者是爱情，或者是机遇，得到了，就是幸福；等到人历经许多事之后，会发现幸福比这些都要简单，仅仅是一种感觉，和某些人、某些事在一起的感觉。能领悟这一点，就是幸福。

人们常说幸福不易，也许只是因为你的要求太高，都像小孩子一样，哪里会不幸福？这句话也有点纸上谈兵的意味，因为随着年龄的增长，心态不再单纯，幸福也不再简单，至少我们对幸福有了要求，有一项指标达不到，就说不上幸福。指标少也就罢了，有人的指标涉及生活的方方面面，要达到谈何容易，在这种情况下，不幸福也是自找的，怪不得别人。

现代社会，人们总要追求广告效应，不论是小零食还是快餐盒饭，不论是棉线床单还是芳香内衣，都会套上一句"幸福的味道"或"幸福的感觉"作为广告词。看到的人不禁好笑地想："这就是幸福？幸福未免太简单了。"但是，如果你吃了那食物觉得口齿丰腴香滑，抚摸那布料觉得服帖柔软，心里的那种满足感难道不能叫做幸福？

不要把幸福想得太复杂，只要你愿意降低自己的标准，细细感受，幸福存在于生活的每个角落。生命短暂，生老病死的悲苦我们正在领略，昔日的幸福似乎正在远离，但只要有心，新的幸福也在萌发，每一个阶段，都有新的事物值得你投入，并给你带来新的安慰。人生最有用的智慧，就是关于幸福的智慧，而我们的努力，都是为了自己能够更多地感受到幸福。幸福，是人生永恒的方向。

◎ 随遇而安，是一种生活艺术

有一个僧人酷爱云游四方，每次他回到寺里，都会给其他人带一些小礼物，这些礼物不需要花费钱财，只是所到之处的落花花瓣，或者一小葫芦泉水，或是一小捧泥土，几块小石子。年纪小的和尚非常喜欢这个到处玩的僧人，都把他带回来的东西放在自己的禅房，或者在桌子上当摆设，或者在水缸里当布景。

远方的一位僧人来寺里做客，看到这间寺院和其他寺院不同，不能说它世俗，只是角落里总有点滴生活气息，让人觉得清新宜人。于是僧人详细询问，并表示很想认识那位云游僧人。可惜，他又不知去了哪里，也不知何时回来。

人们常常追问：什么是幸福？幸福的生活应该是一种艺术，每个细节构造都有各自的美丽与意义。这种美丽来自一种"随遇而安"的心态。不论走到哪里，都要多看多想，多去经历与询问，你会发现即使是很平凡的事物，也会有光彩夺目的一面。

生活处处都有艺术，看你有没有一双慧眼去发掘，有没有一颗慧心去感受。但如果人的心态是浮躁的、黯淡的，就很难发现那些闪光点。如果心情是阴森的，甚至连美丽的东西都会觉得丑陋不堪，扭曲变形。走到哪里都觉得满心不自在，这样的人，当然不容易感觉到幸福，因为他们的幸福是希望所有东西都顺着自己的心意，而不是察觉那些东西的心意。

培养平静的审美心态很重要。生活常常是烦琐而艰苦的，没有那么多如意事。在这个过程中，如果我们能够发现、感受美，就多了一层乐趣，即使在辛苦时，也能自己给自己找乐子，给心灵以安慰。如果看什么东西都是呆板的，那生活在平淡无奇中，又多了让人厌烦的成分，更加不值得人留恋。懂得生活的人，到哪里都能活得精彩；而对生活不耐烦的人，再好的生活对他而言也是囚牢。

> 懂得生活的人，到哪里都能活得精彩。

女儿10岁的时候，父亲对她说："我们的家要重新进行装修，这一次，你自己布置你的房间。"女儿说："你和妈妈帮我布置得很漂亮，这次不能帮我吗？"

"不行，你自己来。"父亲说得很坚决。

女儿其实舍不得装修自己的漂亮房间。她的房间是爸爸妈妈布置的，鹅黄色的墙漆，上面有一些若隐若现的羽毛图案。打在墙上的不规则书架，最上层是垂下绿叶的盆栽，如今已经垂满半面墙。其他架子上的相架、最喜欢的小熊玩偶、一个精致的带锁盒子，装着9岁那年她的第一本日记，还有一些她喜欢的小玩意儿。一个透明的玻璃罐子，里面有各种各样的糖果，上面贴了一张纸条，爸爸用漂亮的字迹写着：一天只许吃一颗。还有柔软的床，细密梦幻的窗帘，女儿突然发现，她的房间像一个精心琢磨的艺术品，难怪每天睡在这里，都觉得自己是个幸福的小公主。

"只要用心，我应该也能设计一个漂亮的房间吧？"女儿喃喃地说。

女孩的父母深具生活智慧，他们不错过每一个细节，让女儿的房间充满了父母的爱，成长的点滴，自然的元素，还有小女孩期待的梦幻，幸福是什么？幸福不是打造华美的宫殿，而是不错过每一个让人快乐欣慰的细节。所以，他们的女儿觉得自己是个小公主，而且，正在酝酿培养使自己幸福的能力。

人心也可以是一门艺术，甚至是更重要的艺术。做人要做得漂亮，从性情开始，一点一点研磨，在日常生活中注意一些小细节，就能让你的生活质量和受欢迎程度有极大的提高，当你开始能够从他人的眼神中，揣摩出他的心思，就能在一定范围内满足他的要求，让他更加喜悦。这并不是奉承迎合，而是人与人之间该有的相互体贴——难道非要对方把什么都明明白白表现出来？有些事对方不说，你也应该知道。

培养艺术心态，最重要的是不要错过生活中的细节。太阳东升西落是平常的，但是如果你愿意仔细看，你会发现日出时点点光辉，或者夕阳下火红的云彩，都有别样的美丽。和人的相处更是如此，那些看上去粗暴简单的人，也许有你想不到的细致；而那些看着普普通通的人，也许弹得一手好琴。不要小看每一件事、每一个人、每一次经历，生活中的艺术俯首皆是，需要你慢慢去发掘。

◎ 换个角度看生活，生活会更美

古时候，有个纨绔子弟仗着家里有钱，经常横行街市，成了地方一霸。少年的父亲数次责打，却没有任何成效。有一次，少年又在街市上惹祸，惊动了官府，而少年满不在乎地留下家奴，径自回家。少年父亲闻之大怒，这一次，他没有责打少年，而是命人将少年送至一深山，封了下山的道路，每日只供给他三餐。并下令三年之内他都不许下山。

少年所住的地方是一座简陋的茅屋，附近只有一座佛寺，里边有几个念经的和尚。一开始，少年怨天怨地，也不愿看屋内父亲送来的诗书，整天在林子里大发脾气。这一日，寺里的一个和尚劝他："施主既然居于此山，是当有缘，何以整日怨天尤人？"

好不容易有个人说话，少年絮絮地跟和尚诉苦，抱怨山林寂寞，饮食粗糙，无人慰藉。和尚说："山林自有山林之乐，不然古代的逸士高人为何独独喜爱归隐山林？施主应该趁此领略一下，缓解心中的躁气。"少年哪里肯听，仍旧每天发脾气。

如此三个月过去，眼见父亲铁了心不妥协，少年也不再妄想能提早下山，终于也开始拿起那些诗书，每日在湖光山色、莺飞草长中吟诗作对，闲暇时听寺里的和尚们谈禅论道。不知不觉，三年已过，少年已脱去戾气，当家人来接他，他突然觉得舍不得这一脉青山，诧异自己当年竟对这山如此反感。

习惯铺张生活的少年，到了山里难免百般不习惯，但是，换个角度想想，山里的生活不好吗？抬眼就是青山绿水，每天来往的也都是有智慧的高僧。在这种清心寡欲的环境下，人比一般时候更容易磨炼清雅的品性，所以，少年由一个纨绔子弟，变成了饱学的儒士，当他改变了自己观山看水的角度，突然发现眼前的一切都值得他怀念。

换个角度看生活，生活就是另一番样子。就像用空的木桶打水，你可以抱怨自己的努力不过是把费劲弄到的水倒出去，也可以认为自己的努力就是打满一桶水。万事万物都有两面性，都有不同的角度，如果你不满事物的阴暗面，那就绕半圈，看到的自然就是光明的一面。

因为角度不同，人也就分为两类：一种看事情看到的永远是满满的一桶水，是空山中的鸟鸣花香；另一种人看到的是桶中的空空如也，和山间的一无所有。前者觉得自己一直在拥有；后者觉得自己不断失去。前者的生命是个被填充的过程；后者却觉得自己不断被掏空，马上就要散架。前者是乐观者，后者是悲观者。

外国一个调查组曾做过这样一个实验，他们取得六百多位志愿者的同意，在这些志愿者去世后解剖他们的大脑，当作实验样本。这个实验经过很长的时间终于完成，科学家们得出了这样一个结论：那些年轻时心境开朗，总是抱有乐观情绪的人，很少患老年痴呆症，而且，因为他们乐观，对心脏压力较小，他们的平均寿命比那些悲观的人长十年左右。也就是说，乐观，意味着延长寿命；悲观，意味着提前死亡。

不同的人对待相同的境遇，为什么会有不同的看法？同样面对困境，有些人斗志高昂，有些人萎靡不振。而且，悲观者的生活总是充满负面氛围，即使在最优越的环境中，

> 乐观者看到的总是阳光，悲观者的世界却总是阴雨绵绵。

他们也会觉得自己被束缚、被压抑。这都源自他们的负面心理。他们从来不去看好的一面，只看到对自己不利的东西，自然会越来越消沉，直至影响健康。

乐观者看到的总是阳光，悲观者的世界却总是阴雨绵绵。无法改变现状的时候，就要改变自己的心情。每一种生活都不是一成不变的，也不是单面二维的，当你拆开生活的表层，会发生里边的学问大着呢，可谓高深莫测。例如一个普通的技术工人，如果肯静下心来钻研他的技术，力求越来越精细，越来越高效率，他也许会因此发明一种生产技术。蒸汽机是怎么发明的？黄色炸药是怎么发明的？不都是科学家看到枯燥甚至危险的工作，萌生出了创造的想法吗？于是这想法改变了现状。

人们很难保证绝对的悲观和绝对的乐观，多数人都在两者间摇摆，对待不同的事，倾向不同。悲观的时候，要学会调整自己的心态，让自己站到更高的地方，那些困难和伤心就会变小。要相信自己的智慧，相信凭借自己的能力，能够扭转令人失望的局面。有些事当你认为不可能，你就永远失去了行动的机会；当你相信它可能，看问题的角度就会发生极大改变，会发现越来越多的有利因素，你只要将它们一一收集利用，就能构筑你的成功。

◎ 移除生活中不需要的东西

人若能知道自己不需要什么，既是一种智慧，也是一种幸福。试想我们的生活中究竟需要些什么？不过衣食住行加上自己的情感与爱好，如果这些东西没有限定一个范围，那就成了一个人买电视，黑白换彩电，23寸换 32 寸，再换家庭影院，无限制升级下去，但其实他看得最舒服的那个，也许不是最贵的。他的房子里也放不下这么多彩电。最后他烦了，随便选了一个放在客厅，看上去也不比他人差。

仔细想想，我们不需要的东西，远比需要的东西要多。就拿爱情做个例子，你是需要很多优秀的异性对自己痴迷，为自己付出，还是希望自己的心上人能够喜欢自己，与自己一起生活？答案是明显的，很少有人愿意留恋不喜欢的东西，而喜欢的东西，都是弱水三千的某一瓢，只要这一瓢喝到口中，其他的不过是过眼云烟，有或没有都不重要。

人们都说，女人的衣橱里永远少一件衣服。

费小姐就是这样一个喜欢买衣服的女人，尽管她家的两个大衣橱都已经挂得满满的，她还是每天都烦恼同一个问题：今天又没衣服穿。其实她的很多衣服都只穿过一次，甚至没穿过。她每个月定期的活动就是为自己选购新衣服，每次都满载而归，又每次都不满意。

有一天，上司通知她去山区工作，爱美的费小姐原本准备拿几件衣服，没想到通知下得太快，机票就定在第二天凌晨，她根本没有机会选择，只从衣橱里随便抓了两件。

一个月后，她从山区回来，有人打趣她说："这个月只穿那么两件衣服，是不是很憋屈？"费小姐说："不会，我的红风衣已经成了我的标志，远远走过去，大家都知道是我。现在想想，以前在衣服上浪费的时间还真多，现在才知道衣服少一点，我也照样活得很好。"

> 一个人的房子太满，心灵太满，再好的东西也只能局促地塞在小角落里。

很多人愿意承认自己需要的东西不多，

例如女人总说自己想要的衣物不多，只是在选择的过程中，需要找到最适合的那一件，就要买很多件来尝试。在生活中，这种说法无处不在，人们都说，只有经过对比，才能知道什么最合适，什么最好。

人们常常觉得自己的生活被不需要的东西填满，生活就像一个眼花缭乱的大衣橱，让自己无从选择，只能胡乱搭配，这个时候，人们宁可自己的衣橱小一些，衣服少一些，至少能让自己快速选择，而不是面对上百个选项，光是看这些就要用去半天时间。

对有智慧的人来说，幸福不在于拥有一个仓库，而是能在仓库里拿到最贵重的宝物。只有这宝物才能给你最好的感受。人只有一双手，要知道自己最重要的东西是什么，牢牢地捧住，才算没有辜负生命。否则丢了西瓜拣芝麻，丢了黄金拣铂金，到最后手中剩下的，也许是最没用的一个，你根本不想要。

贪婪带来生活的苦涩，因为贪婪让你对任何拥有的东西产生不满，认为它们不够好，总想要找一个更好的。它们的实际价值被你大大贬低，你占据它们，它们却让你更加不幸福，这个过程还会不断重复，你会一直寻找下去，直到找不到为止。难道非要在这个时候，你才肯看一眼自己已经拥有的东西，察觉它们的可贵吗？知足常乐，还是从现在开始接受现状，发现现实中的美，才能让你体会到真正的幸福。

◎ 知足者常乐，贪婪者常苦

人为什么会变得贪婪，因为有所求，也是因为求之不得。羡慕别人有

> 欲望的沟壑是无穷的，永远也填不满。

的自己没有，到了手又觉得不够，所以才会一直追，不管身后的东西已经够自己用上几辈子。而且，贪婪几乎都会伴随吝啬，越是贪婪的人，越要把所有东西握在自己手里，不与任何人分享。于是，他们对他人的困难表现出极端的冷漠，甚至会剥夺别人的生存机会。

欲望的沟壑是无穷的，永远也填不满，所以应该在源头堵塞。不要总是想着要过多的东西，满足需求就是刚刚好，所有过量的东西都会变成肩膀上的负担，最后想扔也扔不了，耽误你的行程。拥有与幸福并不成正比，并不是拿到得越多，心理就越满足。有时候心被占得满满的，反倒失去了一开始的轻松，觉得处处有负担，一刻不能解脱。满足欲望很重要，控制欲望更重要，不然，生活就像洪水，使你无处安身。

一个小孩在院子里玩，手里拿着一个又红又大的苹果，在妈妈买来的一篮苹果中，这个看上去最漂亮，小孩子舍不得马上吃掉，一刻不离地拿在手里。

小孩正在得意，突然看到一个女人领着自己的孩子经过院子，那个孩子的手里也抱了一个苹果，比他手里的更红、更大。这个孩子立刻觉得不开心，丢掉手里的苹果对妈妈说："给我买一个更大、更红的苹果！"妈妈说："那要是你看到一个比更大还大的，该怎么办？再买一个吗？"

生活中的许多不如意，都来自于和他人的比较。盲目地比较造成心理的严重失衡。生活有时就像小孩子手中的红苹果，世界太大，你总能看到更大更红的，如果一一去比较，累不累？何况，你怎么确定那个更大更红的苹果一定是甜的？也许只是看着漂亮，咬在嘴里没有一点汁水，远远不如你拿着的这一个。

莫羡人有，莫笑人无。每个人都有自己的贫穷和富有，但总地来说，只要够努力，现在的生活就适合自己。为什么一定要盯着别人手里拿着什么？想要别人的东西，总要遇到两个最实际的困难：一、你有能力拿到吗？如果根本没有能力，就一直眼红下去？二、你拿到后发现不好怎么办？如果还能拿着以前的那个倒也不错，可有些时候有些东西不是一直属于你，你放下，别人就会拿走，你回过头想找，不好意思，没有了，谁让你贪心呢。

生活的智慧在于知足。贪图那些生活以外的东西，即使筋疲力尽，还是没追到最想要的。而知足的人，他们并非没有追求，没有理想，但在生活中，他们总会珍惜拥有的那些东西，并在其中感受到幸福，他们的幸福来自生活之内，心灵自然一天比一天快乐。

人生的乐与苦也遵循着某种平衡，你懂得调节自己，拿自己的拥有对比他人的缺失，自然就知道生活没有薄待你，你的努力也不是没有意义；如果一味拿自己缺少的去比别人拥有的，那你会发现是个人就比你好，因为每个人都有自己的财富。这样比下去，你成了世界上最不幸的人，真是自讨苦吃。所以，还是尽量去感受那些幸福的事，别总关注别人在做什么，想一想，你拥有什么，你该如何对待自己的所有，这才是幸福的功课。

◎ 虚荣的渴求，是人生的霉菌

小和尚刚进寺院的时候，他每天都抢着干各种活，为的是得到师父和师兄们的夸奖。如果大家夸了他，他就会志得意满，反之，就会一天都闷闷不乐。小和尚既聪明又可爱，多数人都会顺着他的脾气鼓励他，这让他更加起劲地想得到别人的夸奖。他也总是对别人说自己多有能力，多有悟性，对此，师兄们都报以宽容的态度。

一天，小和尚帮师父种的花开了，他兴高采烈地告诉师父这个好消息，并吹嘘自己多么努力。师父含笑问："你说这花香吗？"小和尚说："当然香了，一朵开花，满院子都是香气。"师父说："那么这花有没有像你一样，把自己的香气和美丽到处说？"

小和尚没回答，他是个有悟性的人，一下子就明白了师父的意思，从此，他仍然努力，却再也不吹嘘自己，再也不强求别人夸奖他。

从某种意义上来说，虚荣是人的一种天性。即使是小孩子，也总想穿漂亮的衣服让人称赞。但是，如果像寺里的小和尚，做什么事仅仅是为了得到别人的夸奖，就会养成功利性的性格，做什么都讲求目的，甚至完全失去自己的喜好，只为了别人羡慕做事，完全活在别人的眼光中。

虚荣一旦超过限度，心灵就会发生扭曲。欲望会将人的灵魂牢牢捆绑住，越勒越紧。虚荣的人越来越在乎外在的东西，他们不论做什么，都迫不及待地想知道别人的反应，热切地想得到外界的赞美，他们把自己的价值建立在一个极不牢固的基础上，越是在乎，就越是掏空自己，这时候，悲剧就会产生。

付小姐是一家外资企业的白领，平日最大的爱好就是追求名牌。她每个月都要订阅十来本时尚杂志，立志要做个时尚弄潮儿。她的手机总是随着潮流更新换代，她的皮包能花掉普通打工者三个月的薪水，就连她穿的丝袜也是日本进口的名品。

不要以为付小姐是个小富婆，她只是擅长省吃俭用，把所有工资都砸在购买名牌上。她说这是没办法的事，"因为办公室的员工个个都穿名牌，我不能穿得太寒酸。"——付小姐的办公室还有三个员工，一个是月薪近十万的经理，一个是家里很有钱的大小姐，还有一个有事业有成的老公，对她们来说，奢侈品不算什么，付小姐非要跟上她们的脚步，让自己光鲜漂亮，不顾实际情况，也难怪她总是觉得入不敷出，身心疲惫。

我们常常觉得不幸福，是因为总是觉得不满足，总是羡慕别人的生活。当自己没有那份能力时，就要像故事中的付小姐那样，给自己搭一个美丽的空架子，让别人一眼被唬住，投以羡慕的目光，满足一颗空虚的心。虚荣的人总是在追求表面化的东西，他们不是不知道内在的重要，但是，当心灵被过度的虚荣占据，满足它才是当务之急。

虚荣的人总在追逐别人的生活，今天看别人买了一部手机，自己也要买一个更好的；明天看别人换一台电脑，恨不得自己的电脑马上也更新换代；大后天别人身上穿了名牌，自己肯定要找出衣橱里最贵的衣服……攀比就像心灵的毒瘤，让你时刻不愿落后，一定要盖过他人的风头，可是

> 虚荣一旦超过限度，心灵就会发生扭曲。

攀比过后，你究竟得到了什么？

　　虚荣的满足感是虚幻的，虚荣者最在乎旁人的目光，而那目光也是虚的。可能是逢迎，也可能是伪装的羡慕，实质却是不屑。为什么虚荣者容易"露馅"，让人几眼就看出他们的华而不实？就是因为他们没有表露出与外表相称的智慧。什么叫做与外表相称的智慧？例如，当你手上戴了一块名牌手表，你的谈吐也要随之有品位，不是谈论名牌，而是谈更高深的东西。那些真正富有的人，很少愿意不停谈论金钱，对他们来说，其他东西更值得追求。

　　人的心灵应该是一朵绽放的花朵，香远益清，不需要过多的语言，不需要琳琅的饰物，他们自身的美德与能力，足以支撑自己的形象和精神世界。有智慧的人懂得精神独立的重要，人的精神独立于外界，超越旁人的眼光，不需要映衬和比较，只需扎根发芽，滋生繁茂，自然会成为一道真实的风景，比起虚荣者浮夸的招摇，这种真实虽然朴素，却更接近幸福。

◎ 难得糊涂，独得其乐

　　两个小和尚经常吵架，吵到不可开交的地步。一日，他们又因为一件小事发生争吵：刚刚来了位女香客，在佛前虔诚地跪了三个小时，口中念念有词。一个小和尚认为女人一定在为自己的孩子祈福，另一个却认为女人在怀念自己的丈夫。

　　两个人争执不下，一个跑去找方丈，方丈说："你是对的。"

　　另一个不服，也去找方丈，方丈说："你是对的。"

这下两个小和尚不干了，他们问方丈："怎么可能两个人都是对的！您太滑头了！"

方丈说："你们说的这句话也对。"

两个小和尚面面相觑，一连想了几天，终于顿悟。后来，他们果然减少了争执的次数。

在小和尚们看来，老和尚"滑头"，不愿意"得罪"徒弟，世界上的事就是这样，有些事你做的是对的，别人用另一种方法做了也没错；你想的是对的，和你相反的人也不是没有道理；此时是对的，过段时间环境变了，也许就变成了极大的谬误……方丈想告诉他们的是：万事万物没有绝对，能糊涂的时候，不妨糊涂一点，太过分明，反而远离真相。

有一种人，凡事都要争个是非对错，在他们的世界，黑白分明，没有任何中间地带，所以，他们总是走在边缘，一边是他厌恶的"中庸者"，另一边呢？常常是悬崖峭壁，一个不小心就会跌下去。有些事的确需要一个明确的答案，例如科学需要的就是一个最精确的数值。但在个人思想上，你去哪里找这个精确数值？

人们总认为智慧就是事事想得明白说得清楚，但真正有高深智慧的人，明白事事其实想不明白也说不清楚，每个人都有自己的思维判断方式，有自己的目的，还有不可抗因素的影响，导致了一件事总是难以捉摸。就像爱情，你如果说得明白你爱你的爱人哪一点，不爱哪一点，在什么情况下会分手，在什么情况下会考虑结婚，别人会严重怀疑你是否真的爱这个人。而爱情美满的人其实都带了点盲目和迷糊，为

> 万事万物没有绝对，能糊涂的时候，不妨糊涂一点，太过分明，反而远离真相。

两个人的快乐忽略不足，有时候知道对方不对，也装个糊涂——过日子又不是做实验，何必那么累？

有个县城地处偏远，居民面临缺水问题，每天，居民都要走上五里路挑水回来，累得苦不堪言。新上任的县官听说这件事，灵机一动，把这条挑水的路改名为"三里路"。不知为何，从此居民们再走这条路，都觉得只有三里长，而路的长度其实根本没改变。

有个行人路过这里，对县官说："我量过这条路，明明有五里，为什么叫'三里路'？"县官说："其实谁都知道这条路有五里，改个名字，大家心理压力小了，脚程自然就变快了。凡事如果琢磨得太明白，活得就不会舒服，是不是这个理？"

五里路或者三里路，走起来的感觉肯定不同，不过，居民们都在这糊涂的路名里得到了一些安慰。自己骗自己对不对？要看什么事。自欺欺人肯定不对，但若是只为了缓解压力，为了息事宁人，为了事情更顺利，该糊涂的时候一定要糊涂。而且你还要看明白谁在装糊涂，在别人装糊涂的时候，千万别去打扰，扫了别人的闲情逸致。

人们常说难得糊涂，这其实是一种自我解嘲。很多时候，人世有千般无奈，并非人力所能掌握，要是一一计较起来，就会没完没了。在无能为力的时候，不如糊涂一点，不要过分自责，你不是没有努力；不要责怪他人，他人也有自己的难处；不要把不该说破的事说破，人们让它维持在那种状态，是为了大家好。

事情看得太明白，也就没意思了。就如感情，我们都说感情纯粹，但父母之间、朋友之间、爱人之间，难道就没有利益纠葛？难道就没有心理隔阂？恐怕比旁人还要更深一些。糊涂，只是一种你在无奈中保护自己的办法，让你能够全身而退，以旁观者的角度看待事情，减少伤害。而且，你装一次糊涂，保全的可能是别人的面子，成就的也许是别人的大计，他们对你的糊涂，心知肚明，心里有感激，有愧疚，总有一天会化为报答。

◎ 无所畏惧，才能赢得幸福人生

一个人寻找极乐世界，却迷路走进了地狱，恶鬼耀武扬威地带他看遍了十八层地狱中的各种刑罚，然后问他："你最害怕哪一个？"这个人说："我什么都不怕。"

恶鬼不死心，又问："那在世界上，你最害怕的东西是什么？"

"没有这个东西。"

"你最害怕的人或事呢？"

"也没有。"

恶鬼面露难色，终于说："你走错地方了，我们这里只接收被恐惧束缚的人。"

从这个意义上来说，没有恐惧的地方就是极乐世界，没有恐惧的人，就不会体会到折磨心灵的不安，他们随时都信心满满、热情高涨，随时领略着生命的幸福。

普通人很难克服恐惧，因为人的能力毕竟是有限的，没有人能有完全的自信，也没有人甘愿接受任何结果。人们总在"想要达成"和"无法达成"之间忐忑，在朝自己逼来的巨大阴影前战栗。恐惧带来懦弱，带来行动的迟疑，机会的错过，然后就是悔恨与悲伤，有时候，人们的失败不是因为能力不足，而是恐惧心理完全压倒了前进心理，让人们想要撤退，或者原地束手就擒，这是恐惧带给人的最大危害。

人们最害怕的不是恐惧本身，而是想象中的结果。就像一个即将要做手术的人，他的思维会非常活跃，想着医生的刀会从哪里切开，想无影灯照在身上的晕眩感，想护士们紧锁的眉头，似乎病人再也没有希望，想缝线后剧烈的疼痛……还没手术，他已经被自己吓得战战兢兢。等到自己躺上去，麻醉一打，浑然无觉，睁开眼发现阳光明媚天气晴朗，除了刀口的疼痛，病魔一扫而光——恐惧的事物，有时不过是上一次手术台，没你想得那么可怕。

邦德先生在回家的路上，看见一群小孩正在打架，他看到站在中间的那个，正是自己的儿子小邦德。这个时候，当父亲的都应该冲上去保护孩子，但邦德先生发现儿子并没有看见自己，就选了个不起眼的角落，在一旁观察那些孩子的举动。

小邦德显然很着急，急得面红耳赤，包围他的是一群比他高大的男孩，为首的一个说："那件事一定是你告诉老师的，你认不认错？"小邦德说："我没有！"争论到了最后，大孩子们硬要小邦德服输，小邦德就是不肯服软，显然，他宁愿挨一顿打，也不愿向眼前的人低头。孩子们僵持着，最后那个大男孩说："真没想到，你挺硬气。"说完，带着其他男孩扬长而去，小邦德不明所以地站在原地，邦德知道儿子刚刚凭借自己的勇气获得了别人的尊重，心里非常骄傲。

> 人们最害怕的不是恐惧本身，而是想象中的结果。

最能与恐惧对抗的不是心理安慰，而是自己的勇气。就像故事中的小男孩，他肯定不是大男孩们的对手，但他毫不畏惧的眼神，却让几个比他大的人折服，再也不敢小看他。不是所有人都有这种勇气，看到人数多，更多的人会服个软，像小男孩这样硬撑的人也不多。也许在男孩心中，最坏的结果不过是挨打，但挨打好过屈服——这种刚硬就是勇敢。

对抗恐惧靠的是勇气，战胜恐惧靠的是行动。不管你说多少遍"我不害怕"，都不如亲自做一做你害怕的那件事，才能真正明白对方的虚实。有人看到游泳池就犯晕，多下去游几次，会发现水有浮力，只要姿势正确，想淹死也没那么容易。恐惧在很大程度上来自于自己的想象，人们会在头脑中不断渲染自己最害怕的场景，越想越逼真，越想越觉得情绪崩溃。想要克服恐惧，首先要让自己往好的方面想，想着那个最好的结果，用美好的感觉激励自己。然后尽快鼓起勇气行动，才能促进自己了解恐惧的实质，再也不必害怕它。

还要记得，人们应该战胜恐惧，但不能没有敬畏的心理。例如，我们必须敬畏生命，敬畏先哲，敬畏知识，敬畏自然……有些时候，我们可以把玩世不恭当作潇洒，把无所畏惧当作勇敢，但如果没有这种敬畏心理，我们就会无法察觉到自己的无知，变得狂妄自大，无所顾忌，终将因为自己的没轻没重酿成大祸。真正的智慧是什么？是在恐惧面前，大无畏地走上去，在值得膜拜的事物面前，谦卑地低下头，聆听它们的声音。

第五章 | 人生，不是岁月，而是永恒

> 花有重开日，人无再少年。我们体会了成长与成熟，受过伤害，尝过甘甜，才能懂得如果爱护自己，何处是心灵的家园，如何坦然地面对生命。生命最高的智慧是，我们能够在走过的岁月中，深刻地体会到生命的意义，懂得感恩，懂得寻找欢乐，并向着我们所认为的幸福一直迈进。

◎ 对一切过往，都要心怀感恩

据说玄奘法师西行的时候，有一次路过西域的一个小国，寄居在一所佛寺中。恰好佛寺里有一个东土制作的团扇。看到家乡的物品，家乡的图样，玄奘法师忍不住拿起团扇，流下眼泪，久久不能停止悲伤。

寺里的和尚对方丈说："常听人说玄奘是个高僧，现在竟然为家乡的一把扇子痛哭，看来他的修为不过如此。"方丈说："说出这句话，可知你远不如他。我们修佛，修的是六根清净，却不是忘恩背义，为家乡事物流泪，这是纯良天性的流露，说明此人心地澄澈，不以他人为念。何况念故土、念旧德，是为人的根本，你们要牢记！"

我们常常会怀念过去，怀念不只是回忆，还包括对自己经历的一种尊重与爱护，就如法师看到家乡的团扇，想到故乡泥土的芬芳，想到扶持他一路成长的人，于是流下怀念的泪。难道怀念了过去，法师的心就不虔诚吗？不，正因为铭记了至善至美的部分，法师的心才越加坚强，越加明白自己的所做所求。

当你怀念过去的时候，最先涌上心头的感觉是什么？是悔恨吗？因为做过许多错事，再也无法弥补，只能一次次后悔当初作出的选择；是不甘吗？在自己幼小的时候，尚未有足够力量的时候，没有做自己最想做的事；是迷茫吗？时间已经过去了那么久，自己竟然没有什么大作为，似乎白白浪费了青春；是痛苦吗？总有一些事让自己夜不能寐，难以忘怀，想起来就觉得心口不断抽痛……这一切，都因为你的心态还不够平和。

有慧心的人对过去的一切，都存在一种"感恩"的心态。过去固然给自己带来过伤痛，但是，正是这些伤痛，加上喜悦，加上其他各种情感与经历，成就了现在的自己。我们常说要从过去的经历中吸取经验，提炼智慧，那大多是针对某些人某些事的"小智慧"，对于生命，我们更需要领悟到"大智慧"，那是更宏观的角度，更高远的境界。

从前，有个男孩身世坎坷，从小父母双亡，在孤儿院成长。但是，他的运气不好，孤儿院被一把大火烧毁，几个孩子分别被领养。

领养男孩的是一对中年夫妇，他们一直没有自己的孩子。没想到两年后，他们的孩子出生，这个男孩就显得有些多余，最后，他被送到外城的一户人家。

说是养子，但这家人不需要孩子，只需要一个仆人，男孩每天都要做很多活，好在这里

> 有慧心的人对过去的一切，都存在一种"感恩"的心态。

有吃有喝，养父心情好的时候，还会教他识字。可是，三年后，养父母嫌男孩吃穿用度太多，养着累赘，将他赶出家门。

好在他已经有十几岁，到了可以工作的年纪，他忍着旁人的白眼拼命打工，最后创下了一番事业，成为一个富翁。再后来，他给四位养父养母买了房子，让他们颐养天年。很多人不解他的做法，他说："我需要记住的，是他们在我幼小的时候，给了我吃的住的，让我能够长大，所以，我会把他们当作父母来孝顺。"

两次被收养，两次被赶出家门，在男孩成了富翁之后，他依然选择做一个孝子。或许是心地纯良，他始终记得养父母对他的恩情，也知道没有这份恩情，他未必会有现在的成就，就算他们做过对不起自己的事，也不能抹消他们曾对自己的贡献。这样的人心胸宽广，更重要的是，他们懂得感恩。

需要感恩的并不是过去，而是曾经经历、正在经历、即将经历的一切。也许有人会说，难道让自己痛苦不已的困难、他人的敌意也需要感激？这就是在曲解感恩的含义。需要感激的是事物带给自己的那些深刻的感触，而不是感激今天谁打了你一拳，明天谁踢了你一脚。当然也不排除这样一种可能，多年后，你因为这一拳一脚的侮辱，偏要争一口气成了人上人，这个时候，你大概真的会打从心底感激有人曾经给你这一拳一脚，让你没有碌碌无为。

懂得感恩才懂得珍惜。人们总是说"失去以后才知道拥有的可贵"，懂得感恩的人，却是从拥有那一刻就开始珍惜，从不会留下这种遗憾。他们不会轻视别人的心意，不会贬低别人的努力，他们明白付出的价值，也明白不是所有人都愿意为自己付出。基于这种心理，他们会尽量体谅别人的心情，尽量与他人友好相处，尊重他人的个性与决定，和懂得感恩的人相处，你会觉得所做的一切都有价值，都有意义，而不是一场空。

走过的岁月永不停留，一个人如果学会感恩，他就具备了真正的慧心。他能珍视每一份属于他的心意和机会，这样的人生无疑是充满幸福感的；他能从每一次失败与挫折中提炼出经验，这样的人无疑能成就大事；他能从他人的敌意与轻蔑中既找到自己的价值与优秀，又提起骨气与勇气，这样的姿态无疑是高昂且金贵的……感恩，造就了一个人从容的心态，能够将岁月中所有美好的部分放入心中，化为生命的永恒。

◎ 没有不吃苦的工作

人不可没有事业心，事业，是人生最重要的组成部分，一个人的价值，要看他为自己确立了什么样的成就，他对社会有多大的贡献，这都要靠事业来完成。为了事业，人们更能发掘自己的潜质，更能鞭策自己。

很多人不懂得事业的含义，他们眼里只有工作。与其说是工作，不如说是一个月的工资。为工资工作的人，凡事得过且过，不会让自己最差，也不会争一个最好。因为没有更高的追求，也就不必花更多的力气。这样的人永远体会不到工作的乐趣，也体会不到什么是个人价值，他们只会在日复一日的机械劳作中消磨自己。

懂得热爱工作的人，才能成就事业。事业这个概念比工作更大，它的核心是工作，外延却包括人际、发展、自我定位、社会价值等一系列东西，说一千道一万，工作做不好，一切都没用。工作做得好，事业才能稳步发

> 有慧心的人选择工作，看的不是苦不苦，而是适不适合自己。

展，就连生活也会在这良好的运转下变得越来越顺畅，任何时候都会觉得有重心，不空虚。

有一只驴郁闷地找到佛祖，请佛祖听听它的痛苦：它的主人是一个商人，每天都让它驮着沉重的货物，来往于市集，没有一天能够轻松。特别是休息日，商人一天要它驮两次货物。驴说："我虽然是个畜生，但也不希望自己天天受苦受累，请给我换一个主人吧，至少我能轻松一点，不用整天忍受风吹日晒。"

佛祖答应了驴的请求，给它换了一个主人。新主人是个农民，不需要驴去晒太阳淋雨，只需要它在磨房转圈，拉动沉重的石磨。做了几天功，驴又开始叫苦连天，觉得自己根本没有休息的时间，埋怨佛祖不给它一个轻松的生活条件。佛祖没办法，只好又换一个主人给它。

这一次，驴享受到了上好的草料，每天不是在草地上玩，就是在驴棚里大睡，可是，驴却知道这样的日子不会太长。因为这次的主人是一个专门卖动物皮毛的商人，他养了很多动物，供给它们好的环境，为的是它们的毛长得油光水滑，然后剥下来做皮草……

很多人爱说："我对薪水要求不高，只想找一个轻松悠闲的工作。"但是，世界上哪里有悠闲的工作？

有这种心态的人，都因心理上对工作要求太高。注意，是高，不是低。他们希望工作满足自己的需要，让自己舒服。

有慧心的人选择工作，看的不是苦不苦，而是适不适合自己。有发展的，吃多少苦都值得；没发展的，就算不吃苦也只是混日子。何况，吃得苦中苦，方为人上人，最聪明的人会主动找苦吃，而不是被动接受痛苦。

他们认为自己的各个方面都需要锻炼，与其一开始就坐在明亮宽敞的办公室，不如先去体验工作的方方面面，从基层开始一路攀升，才能稳扎稳打，又有群众基础，又有技术支持，不论到多高的位置，也会觉得自己脚踏实地。

◎ 在兴趣中找寻欢乐

有些人生活乏味，有些人生活充实，他们之间究竟有什么区别？生活中没有爱好，每天都重复着相同的工作、休息，自然觉得日复一日，没有什么不同，既枯燥又乏味；生活中有了爱好，也就有了灵动的一面，伴随着每一天的提高，伴随着闲暇时的欢乐。

对于多数人来说，人生中最快乐的事，是在我们的爱好中得到的心灵满足。也许你会说这话太绝对，但请仔细想想，与人交往伴随摩擦，学业事业伴随瓶颈，爱情家庭总有波折，唯有爱好随着自己的心境，想做就做，不想做就暂时放下，既不会对你有碍，又不会跟你耍脾气，是心灵世界中最自在、最惬意的那一部分。

爱好没有功利性，所以可贵。爱好需要付出一定的心血，却不一定换来收获，但是，心中的快乐又怎能以金钱衡量？爱好能够抚慰人的灵魂，不论是伤心的时候，还是烦闷的时候，面对自己的爱好，就像面对一个相交多年的好友，可以尽情倾吐心中的不快，而对方一如往常，抚平你心中的波澜，让你重拾生气，再次看到生活中最有乐趣、最纯粹的一面，这时候你会发现，原来让自己快乐是一件如此简单的事。

> 爱好最大的用处，恐怕就是对心灵的维持与呵护。

约翰已经老了，他觉得自己来日无多，高血压、高血脂，还伴随心脏病，更不幸的是，他的儿子工作太忙太累，无力照顾他。当约翰坐在养老院的长椅上，他感到死亡正一步步走近自己，他陷入了深深的消沉。

这一天，护理他的护士突然说："为什么你不学学画画呢？试着画一下吧！"

"可是，我从来没动过画笔！上次画画还是在小时候！"

"有什么关系。"护士说，"不是要画出什么名堂，只是打发时间，画画吧。"

在护士的带动下，约翰开始画画，同一个老人院里还有人也在学这些东西，当他们看到约翰的画作，都觉得惊讶，认为他是一个被埋没的画家。约翰老人越画越起劲，后来还参加了一个为老人绘画开办的俱乐部。自从开始画画，约翰觉得自己的人生有了新的意义。心情一好，身体也跟着健康起来，现在，他看上去精神矍铄，他的梦想是举办一个自己的画展。

只要用心发掘，生活中很多事情都可以成为我们的爱好。去小区走一圈，看看那些老人在做什么，你就会发现生活处处有快乐。有些老人喜欢种花，或在自家门前开一片小菜地，自己种些蔬菜；有些老人喜欢下棋，一个下午也下不腻；有些喜欢吹拉弹唱，还有不少人捧场；有些人喜欢拿着钓竿去钓鱼，有些人喜欢举着笼子养鸟……老人尚有此情趣，何况是年轻的你。

也有人说，老人发展爱好是因为他们时间充足。爱好固然会占用一些个人时间，但是，相对于它带来的欢乐，付出的时间都是值得的。何况，爱好真的不能拿"失去得到多少"来计算。一个人的爱好可以跟随人一辈子，带给他一辈子的快乐，这种获得有什么能取代？觉得自己时间少，可以培养一些不那么费时间的爱好，例如养几条鱼、几盆花，收集邮票或旧物，这些都能在工作之余，作为心情的调剂。

有爱好，还能促进人的人际交往能力。人们往往会因为相同的爱好聚集在一起。小区里或者网络上，都有不少同好组织，可以认识来自各行各业的共同爱好者，让你能够广交朋友，开阔眼界。

爱好最大的用处，恐怕就是对心灵的维持与呵护。人们最初确定自己的爱好，是因为做一件事，发现了遏制不住的喜悦，这喜悦无关其他，发自内心。所以，面对自己的爱好，总能想到最初的心情，而心情是可以感染的，因为爱好的满足，一天或几天的情绪都变得轻快，烦恼也抛在脑后，困难看起来也不是那么为难。爱好，是人们一生的良友，也是取之不尽的欢乐源泉。

◎ 给太累的心减减压

现代生活中，烦恼与压力都是生活中不可避免的，想要找出个没有压力的人，简直比大海捞针还要难。人们的身心长期处在超负荷状态下，难免产生负面反应，不论是抵抗力下降、集中力下降，还是直接表现为身体上的病变，这都是身体和心灵长期得不到休息的结果。压力大是现代人的普遍特征，如何正确看待？

压力有时候不是坏事，一个人如果长期生活在没有压力的环境中，他

> 给自己减压是一种智慧。

的精神就会懈怠，四肢也会因过度放松而失去力量，进取心更会被消磨。所以古人说"生于忧患死于安乐"，认为"忧患"才能磨砺一个人坚强的心性，使人有所作为。可是，如果长期被压力挤压，生活处处都是忧患，步步都是不容易，一个人的精神很容易承受不住。一根弹簧承重太久也会失去压力，何况人的精神？过多的压力很容易使人丧失信念，变得麻木，甚至产生"太累"、"没意思"等念头，想要轻生，这就是压力过度，产生了相当严重的心理问题，这种问题轻则影响生活，重则危害生命。

进入新公司后，李杰觉得自己再也没有顺利过。在带领项目时，他的下属不愿意配合他的步调，甚至和他公开唱反调。那些对他有保留意见的上司持观望态度，很少发表评价，也不会帮他说话。李杰从前是个意气风发的人，现在他也摸不准领导者的心理，只能小心翼翼地做事，以免丢掉饭碗。

在公司郁闷，回家也不消停，从前看上去贤惠的妻子突然多了很多毛病，变得唠唠叨叨，整天问东问西，让他怀疑是不是更年期逼近。一直支持他的父母突然变成了成功学家，每件事都要过问，都要提出意见，教导他应该如何做，随时数落他的不对。

一天，他和妻子发生激烈争吵，他怪妻子不体谅自己的烦恼，妻子说："你到底是怎么回事？自从换了新工作，你每天都不给人好脸色，以前问你什么，你都很有耐心，现在还没等开口你就先说烦！以前你遇到什么事都找爸爸妈妈商量，现在你根本不尊重他们的意见！"听了妻子一席话，李杰才发现原来"不顺"的原因不在他人身上，他人没什么改变，变的是自己的心情。工作带来的烦躁影响了他处理人际的耐心，这烦躁来自换工作后巨大的心理压力，如果不能及时克服，只会让自己的情绪越来越糟。

李杰请了几天假，陪陪孩子和父母，调整好自己的心情，然后回到公司，一改往日风格，收敛了自己的强势，有事情都会和下属上司们好好商量。他的改变果然奏效，其他人也开始变得和声和气，渐渐与他熟识，开始培养感情。

压力像一个负面磁场，一旦形成，吸收和释放的东西就都是负面的。就像故事中的李杰，他的压力大，最初只是觉得工作不顺手，慢慢地，他开始变得挑剔，变得暴躁，再也没有愉快的心情。更糟糕的是，他只觉得自己压力大，并没有察觉到这种压力已经表现出来，并迁怒于他人。多数心理压力过度的人，都有这个特点。

压力大多来自于心灵的不如意，来自现实与理想的差距。人们常常觉得别人看过来的眼光是种压力，其实别人也许并没有看你，只是你自己太在意这件事，以为别人和你一样在意。这时候要知道，理想虽然美好，毕竟是一件遥远的、需要付出长期努力才能达成的事，如果太过急迫，不但事情做不好，还会把好端端的理想变为另一种压力。在这里还要介绍一个减压小窍门：不管做什么，都不要提前对他人说出来，一旦说了，就会有无数双眼睛盯着你，让你手忙脚乱，自然就会产生压迫感。

给自己减压是一种智慧。不管是肩头还是心上，压得东西多了，就会让你喘不过气，行动缓慢，这时候就要主动减去一些压力。无关紧要的事不能压在心上，赶快动手来个大扫除；短时期内解决不了的烦恼也不必压在心上，制订一个计划，按部就班地准备，等到一定火候再烦恼不迟；已成定局的事不必压在心上，事已至此，你需要的是重振旗鼓……现在重新看看，你还剩多少压力？生命中真正让你怀念的，不是沉甸甸的压力，而是卸去压力那一刻，如释重负的轻松感和喜悦感。

◎ 健康，是幸福的源泉

一个年轻人总觉得自己没有钱，人生没有任何意义。他到寺院对一个禅师说："我每个月都在为房租烦恼，别人开着跑车，自己只有一辆自行车，没有钱，也没法追求漂亮的女孩，我这样的人，活着到底有什么意思？"

禅师说："刚才也有一个人来我这里，问我活着有什么意思。"

"难道他也没有钱？"年轻人问。

"不，他非常有钱。"禅师说："他是个50岁的大富翁，但是，因为常年劳碌，身体各个器官都出了问题，走路只能靠拐杖，过不久大概就要坐轮椅，他有很多很多钱，但他已经没有什么兴致去花。他非常羡慕年轻人，说宁可用全部财产，换一个健康的身体。那么，是你的话，你愿意和他换吗？"

"我不愿意！"年轻人立刻说。那一刻，他觉得自己其实挺幸运。

人生在世，每个人都在寻找快乐。可惜，快乐这东西不是你想要就马上得到，不论是事业上的成就，感情上的皈依，学业上的进步，这些快乐都需要一段相当长的时间，在这个过程中，我们要保证的就是身体的健康。没了健康，只能在病床上听到事业的成功，看到爱人忙碌的身影，或者收一张自己根本无缘享受的录取通知书，这样的快乐有什么意义？甚至不能叫快乐。所以年轻人说，他不愿意用健康的身体换一笔巨额财富。

健康是无价的，每一个健康的人，本身就是一个大富翁。他们拥有了奋斗的基础，坚实的双手让他们能吃苦，也有力气去抓住自己想要的东西，一个人应该把健康摆在生活的首位，健康就像一个数字的第一位，如果它是0，后面的数值再大，也不过是个0，没有什么比拥有却不能享受更让人灰心丧气。

健康也是个大问题，现代社会很多人不重视健康，他们认为身体马马虎虎，不生病就行。但是，没有人是一下子就病倒的，都是在长年累月的劳累中，一点一点损伤机体的功能。或是在常年的懈怠中，根本注意不到身体的病变。这种慢性衰老很可怕，在你察觉不到的时候，你的身体已经在走下坡路，等到病重的征兆出现，你甚至来不及补救，糊里糊涂就倒在了床上，你所做的一切努力，也变成了此刻的医药费。

> 千万不要因为一时的快乐或拼搏，损害自己的健康。

"趁年轻要多打拼"是乔生的名言。他今年29岁，靠着优秀的能力和勤奋的态度，已经在大城市买好房子，也是公司倚重的管理人之一。他是有名的工作狂，恨不得一天二十四个小时都扑在工作上，就连和女朋友的约会，都草草了事，所以他迄今还要抽出时间相亲。

新的女朋友在医院做护士，是个漂亮开朗的女孩，乔生很满意，也很有一见钟情的感觉。当了解到乔生的"口碑"，女朋友说："现在过劳死的人这么多，你再这么下去，就算赚到了钱，也不过是支付医药费。"乔生对此不以为然。

女朋友有女朋友的办法，她总是要求乔生带她出去玩，要求乔生不能在假日工作，每天晚上也要接她下班。乔生觉得这女孩要求真多，但因为喜欢，他也只好把多余的工作推掉，在闲暇时间和女友在一起。不得不说，这种劳逸结合的方法，非但没让乔生少赚钱，还大大提高了乔生的工作效率，让他再也不会因加班过度而头脑昏沉，需要大量咖啡提神。

乔生已经做好了未来的打算，和女友结婚后，他会尽量按照女友的意见安排工作和休息时间，增加运动和户外活动。就像女友说的，打拼重要，身体更重要。

身体是革命的本钱，身体健康才能打拼事业。但是，如果夜以继日的劳累，耗费体力和脑力，再好的身体也会支撑不住。等你元气大伤，再想补回来，就不知道要耗费多少时间，所以，趁着健康的时候惜福养身，才能有更好的精神面对事业。

千万不要因为一时的快乐或拼搏，损害自己的健康。要保证良好的睡眠和营养，要保证足够的运动与休闲。人的身体是一台精密的仪器，经常活动，润滑，才能保持运转良好。如果每天都在超负荷地旋转，很快就要报废。幸福的生活需要自己去创造，在创造之前，先要保证自己有资本去做，也有资本去享受，做了不能享受，不是智者的行为。

◎ 永葆一颗年轻的心

年轻人很难了解老人的心态，在他们看来，老人的内心应该波澜不惊，但老人却和年轻人一样热衷于参加活动。有些人"不服老"，他们相信岁月带走的只是青春的容貌，但真正的激情不一定就随之远去。有些人年纪越大，越能看清自己的优势，更明白内心的需要，他们突然开始下功夫，比年轻人更用心、更专注，让人不得不敬佩。

现代人生存辛苦，也就更容易衰老。过重的心理压力，过大的工作强度，过于疏懒的生活态度，都让人的机体呈现出衰老状态。比身体更容易老的是心灵，看到新鲜的事物，再也激不起波澜，再也没有尝试的意图，就像提前进入老年状态，什么都对付着来，将就着去，生活没有奔头，不过随波逐流，走一天算一天。

慧心，就像一面透亮的镜子。人们的心为什么会苍老？因为他们再也不相信生活，再也不相信未来，这样的心如枯井的水，不会为难过的事伤怀的同时，也不再为快乐的事惊喜。人的确应该追求一种心灵上的宁静，不要让情绪大起大落，但一旦没有情绪，这种宁静也就变成了死寂，终归与生命的本质背离。

> 衰老有时不是指身体上的，而是心灵上的。

一位记者正在采访一位80岁高龄的老人，老人虽然一身病，但精神状态却很好，每天兴致勃勃地组织社区里的老人们举办各种活动，展示才艺。最近，她正张罗一个夕阳红画展，想要更多的人注意那些被埋没的老画家。记者采访完忍不住感叹："您真是老当益壮！"

回来的路上，记者坐在公车上重新听采访录音，突然发现身边坐了个翻着教科书的女孩，女孩双眼无神，根本没把目光停在书上，她看上去对什么都不感兴趣，整个人都是麻木的、恍惚的，看上去疲惫不堪……

人们害怕变老，变老会让人失去多少东西？美人变老，要面对镜子中长满皱纹的脸，再也得不到别人的追捧；运动员变老，曾经达到的记录再也无法超越，只能看着自己越跳越低，越跑越慢；科学家变老，发现自己的思维变得迟缓，忘性变大，再也不适合精密的研究工作……对绝大多数人来说，衰老都是一件可怕的事，那代表盛年难再，代表死亡即将来到。

不过，衰老有时不是指身体上的，而是心灵上的。就像故事中的老人和孩子，老人还能保持活力，散发余热，不浪费任何时间，做喜欢做的事；孩子却对什么都不感兴趣，对生活完全麻木。显然，老人的心比孩子年轻得多，老人每天想的是如何开心，孩子每天想的都是不开心，这样的生存状态，后者不如前者。年轻是一种心态，而不是一种身体上的状态。你如何判断谁老？谁年轻？人的生理和心理原本就不能一一对应，那些人老心不老的老顽童，有时候比五六岁的孩子更加热爱生活、热爱生命，懂得寻找快乐。

人的心态可以是一条变化不定的曲线，高高低低，时好时坏，还有期待，还能失落，也是年轻的一种证明；也可以是一条直线，心地平和，波澜不惊——不过，只有这条直线在一定的高度上，才称得上豁达与智慧，若它越来越低，最后也只能跌至生命的谷底，再也无法攀升，这不是苍老，而是真正的死亡。生命，只有与年轻的心相伴，才能焕发真正的光彩，不要为生活中的挫折磨损自己，把心灵放在更高远的地方，才能懂得年轻的快乐。

◎ 承认错误是好的开始

有个心细的禅师发现善款箱里的钱常常变少。他负责正殿的事务，每天都会在黄昏前整理善款，因为寺庙开放到很晚，他并不急于取出这些善款。但是，晚上来的香客很少，捐出的香火钱也有限，禅师怎么数，怎么觉得不对劲。他怀疑是负责正殿打扫的小和尚偷偷拿了钱，就把这件事告诉给寺院的方丈。

方丈说："找不到证据，不要随便怀疑人。"禅师只好一连几天观察小和尚，越看越觉得可疑。而且，每天善款仍然会少一些，这不就是证据吗？有一天，禅师干脆在小和尚打扫的时候偷偷观察，只见小和尚果然把手伸向功德箱。

"你这个小偷！"禅师冲上去抓住小和尚，小和尚一脸茫然地问："我怎么会是小偷？我不过是要擦这个箱子。"两个人大吵，最后，因为"证据不足"，小和尚没有受到处罚，禅师到处对人抱怨小和尚品行有问题，怎么能留在佛门，还让方丈给小和尚换了一个职务，远离那个放了功德箱的正殿。

可是，奇怪的事发生了，小和尚已经不与正殿接触，善款还是每天都会变少。禅师只好带了几个力壮的和尚埋伏在佛像后，当晚，他们就抓住了小偷，小偷原来是一个每天都来参拜的香客。禅师很惭愧，亲自找小和尚认错，小和尚说："您是师父，怎么能跟我认错呢！而且弟子中的确只有我在正殿，您怀疑我也不奇怪。"

"不，我一定要认错，不这样认错，我就永远不知道什么是对。"禅师说。

圣人说："知错能改，善莫大焉。"有了错误就要改正，改正之前先要承认。知错的外在表现，就是认错。认错是一种态度，如果它有一个郑重的形式，就能更深地留在记忆之中，时时提醒自己。此外，认错对于无辜被牵连的人来说，也是一种心理补偿。

认错也需要度量。有些人拒不认错，因为他们要照顾自己的面子。他们觉得承

> 你不能保证你做的每一件事都是对的，至少要保证在做错事以后有一个对的态度。

认自己错了，就是否定自己，就会大失颜面。可是，如果一个人连承认错误的勇气都没有，别人只会认为这个人刚愎自用，不会留下好印象。而一个勇于认错的人，却显露出内心的谦虚，让人打心底里愿意宽容，愿意给他更多的机会。

认错需要真诚。有些人迫于外界压力承认错误，其实心里觉得自己挺对，这时候他口中说着"对不起"，却是一副无所谓的态度。这样的错还不如不认，别人不愿意接受，你也一肚子憋屈。既然决定认错，就要仔细想清楚自己到底哪儿错了，需要怎样道歉怎样补救，如果自己没想明白，就不要去认错。

一条热闹的商业街上，有两家零售店，出售的商品都差不多，可两家受欢迎的程度却不一样。尽管戴夫的商店比托里的商店更大，货物的品种也更齐全，但人们似乎更喜欢托里的小店，回头客总是走进托里的商店，这让戴夫很郁闷。

戴夫的生意不好并不奇怪。戴夫是个脾气暴躁又爱面子的人，有些顾客挑剔，东西买回家又拿回来换，这让戴夫很生气，他会粗暴地说："既然东西没问题，怎么能换货呢？你在开玩笑吧？"或者说："为什么买东西的时候不好好挑一下？我是卖货的，还是换货的？"时间一久，顾客都不喜欢忍受他的脾气。

托里的处理方法完全不同，他会主动询问顾客的需要，尽量满足顾客的要求，如果顾客无理取闹，他也不会退步。当顾客对商品提出意见时，托里首先想到的是自己出现了什么失误，他的这种态度，让那些存心找碴儿的人也不想再跟他过不去。所以，托里的生意越来越好，别人都说托里很快就会开一个比戴夫的店更大的商店。

认错并不仅仅是口头上的，更重要的是有一种"认错心理"。当然，也有人执迷不悟，即使错误就摆在眼前，他们也要强调自己的理由，寻找各种各样的借口，把错误推出去。

有慧心的人应该知道，一件事不能好好地结束，拖拖拉拉，就会影响另一件事的开始。认错就是如此，承认错误，就是以自我检讨的态度结束了一件事，这就是结果：失败，能承担。反之，结果就是：错的不是我。前者很快就能按照对的方式开始，后者继续走错的路，或者一面走在对的路上，一面嚷嚷"那条路也没错"，让人觉得表里不一。

认错的时候，一定记得要尽量补偿对方的损失，不要以为"对不起"能解决一切。如果对方的损失是物质上的，应该尽快给予补偿；如果是心灵上的，恐怕需要更长的时期消除影响。无论如何，认错，好过知错不改。还有，当别人向你认错的时候，记得不要得理不饶人，你可以批评对方几句，但不要说得过分，过后就把这一页翻过，不要反复提起——你对待别人的态度，往往就是别人对待你的态度。你不能保证你做的每一件事都是对的，至少要保证在做错事以后有一个对的态度。

下 篇
转念：心随境动生烦，境随心转则悦

相由心生，境由心转，心态与境遇的状况是密切相关的。尘世纷扰，生活变化万千，没有永远的顺境，窘境是人必须面对的，当窘境来临无法逃避时，心生烦念不如改变角度，境随心转，所有的问题都会找到最佳的解决办法。

第一章 如果不是转变心念,人生不会豁然开朗

并非所有的愿望都能实现,也不是所有的目的地都能到达。很多时候,我们难免会步入无路可走的困境。这时候,如果坚持向前走,势必会撞到南墙。既然很难改变周围的环境,不如学着改变自己。当我们改变了自己,我们周围的环境也就跟着改变了。只有这样,才更容易克服困难,战胜挫折,摘取幸福和快乐的果实。

◎ 与情绪和解,不要与自己战争

现在,随着人们知识水平的提升和对自我认知的关注,已有越来越多的人开始将目光投入情绪这个看不到,摸不着,但影响却不小的东西上来。我们知道,人是有感情的动物,这也就决定了人有好的情绪和坏的情绪。

不难发现,很多人经常被淹没在不快乐的泥淖里,总感觉身心疲惫,人生暗淡;而有一部分人则能更多地感受到生命的阳光,人生的美好。两者有如此差异,难道是后者比前者拥有更多的金钱、更好的名誉和更高的地位吗?

其实不然。稍微留意一下我们便会注意到，那些时常有着快乐情绪的人，往往能够在日常的琐碎与遭遇中保持一种健康积极的心态。他们总会用积极的心态来看待周遭的事情，随之而来的，便是快乐的感觉。

一位哲人这样说过中，一个人的心态就是他真正的主人，要么让自己去驾驭生命，要么让生命驾驭自己，而自己的心态将决定谁是坐骑，谁是骑师。

人生苦短，苦是一种生活方式，乐也是一种生活方式，既然如此，何不活得快乐一些呢？什么是好心情？好心情就是笑口常开，天天快乐。因为快乐是无价的，是金钱买不到的。因此，快乐才是人生最重要的。当我们能够驾驭自己的情绪，让自己的心情始终保持在快乐的"高位"时，我们在面对一些事情的时候，就会保持积极乐观的想法，而在其作用之下，一些本以为难以做到的事情也很可能变得容易了。

> 要想让自己活得快乐，取得成功，就要努力避开、跨过并突破自身的心理障碍。

一对夫妻在做年度的身体健康检查时，太太被告知得了乳腺癌，先生得了淋巴腺癌，并且有严重的心脏病，主动脉血管有三分之一被阻塞，估计两人的寿命只剩下半年的时间。

这对夫妻经过讨论后，决定好好渡过这剩余的岁月，于是他们在白纸上写下最后想完成的 50 件事，然后他们卖掉了伦敦的房子，将这笔钱用在环球旅行上。

半年后他们回到了伦敦，在这半年的旅行中，他们格外珍惜生活中的每一天，每天他们都会开心地享受两人独处的私密，就好像回到初恋时的热情一样，这时的他们好像已经忘记自己是一个病人。

当他们再到同一家医院做进一步检查时，奇迹发生了，医生惊讶地发现二人的癌细胞已经消失，连丈夫的动脉血管阻塞也好了许多，这个结果让医生都觉得匪夷所思。

后来，医生通过了解才知道，这正是"正面情绪"的结果，因为当人快乐时，脑内会分泌一种"安多芬"，它能增加体内的淋巴球，进而增强对抗癌细胞的能力，让人重获新生，重获健康。

其实，为我们创造快乐的并不是外界事物的变化，更多的还是取决于我们自身的情绪。如果你以积极的心态去看待一切事情，你就是快乐的；如果以消极的态度去看待身边的事情，你就是悲伤的。

不可否认，每个人都会有这样那样的苦恼，有些时候人生的苦恼，并不在于自己获得多少，拥有多少，而是以为自己想得到得更多。

古语说得好："春有百花秋有月，夏有凉风冬有雪。"大自然本身有其不可撼动的规律，我们的人生也有人生的道理。不管是生活还是工作中，我们大可不必为人生途中的磕磕绊绊而耿耿于怀，放下过重的包袱，本着"谋事在人，成事在天"的想法去从容应对，顺其自然地享受征途中的一切，也便能"不以物喜，不以己悲"，从容、淡然地面对生活与工作了。

因此，我们有必要每天都提醒自己一下：别跟这个世界较劲，更别跟自己较劲。只要让自己放平心态，保持顺其自然的态度，随遇而安，在任何一个人生的节点，在任何一个位置，都可以轻松迈步。还有什么比荡开生命的秋千，愉快洒脱地生活更重要的吗？

这种洒脱的劲头，不是玩世不恭，更不是自暴自弃，而是一种思想上的轻装。洒脱的人不会终日郁郁寡欢，也就不会活得太累。懂得了这一点，才不至于对生活求全责备，不会在受挫之后彷徨失意。

要知道，在这个世界上，有许多事情是我们难以预料的。我们不能控制际遇，却可以掌握自己；我们无法预知未来，却可以把握现在；我们不知道自己的生命有多长，但我们却可以安排当下的生活。只要把握自己的情绪，不跟自己过不去，那么我们就可以提高生命的质量，为自己创造更多更美好的时光。

◎ 不挑剔，为生活撑起一片晴空

生活不就是日复一日地过吗，有什么需要欣赏和值得欣赏的？

当看到这个题目，想必会有不少朋友提出这样的质疑。的确如其所说，生活就是一个白天加一个黑夜地不停循环，或者套用北京电视台"第七日"的那句话"生活就是一个7日接着又一个7日"。

没错，生活就是这样，而这是从形式上表明了生活的形态，至于每个人为每一天的日子填充什么内容，就大不一样了。

有的人怀着积极的、乐观的心态去欣赏生活，那么生活展现给他的就是明媚的阳光，和煦的春风；有的人怀着消极、悲观的心态来埋怨生活，那么生活展现给他的就是阴霾的天空，震天的响雷；有的人怀着平庸的、混日子的心态来看待生活，那么生活展现给他的就是日复一日的毫无色彩，了无生趣。

显然，生活并非只是普普通通的白天加黑夜的循环，这其中蕴含着太多不同的意味，足够我们去分辨、去感受。

有一位作家曾经这样说过："生活的幸福在于欣赏。"如果你用欣赏的目光去看待生活，你会发现生活就像一首歌，你吟唱不完她的妙趣；你也会发现生活好比一首诗，你领略不完她的精彩意境。同样，在文学名著《飘》中梅兰姑娘有一句话："假如你用挑剔的眼光看待这个世界，那么你眼中将是遍地荆棘。"

在生活中，能够把目光化尖锐为欣赏的人能有几个呢？

在周围的人看来，孙婷婷是一个挑剔的女孩，对任何事情都要求完美，近乎苛刻。当然，大家也不否认她有挑剔的资本。二十几岁如花般的年纪，美丽的脸蛋，窈窕的身材，高学历，好工作，丰厚的收入……

这近乎完美的条件使得孙婷婷永远高傲得像一个公主。但是，孙婷婷的生活并没有想象当中那样快乐轻松，这不仅令她的好朋友奇怪，就连她自己都莫名其妙：我所拥有的一切都是最好的，我要求完美，可为什么我甚至都没有一个普通人那样幸福呢？

后来，还是朋友想通了，对孙婷婷说："你感受不到幸福，恰恰就是因为你太苛刻太追求完美，甚至可以说你看待生活的眼光太尖锐了。"

孙婷婷想了想说，可能就是这样吧。别的不说，这个年纪的女孩，谁没有一群要好的"死党"呢？可孙婷婷只有一两个好姐妹，不是说她不需要朋友，而是她太苛刻了，对朋友的要求也太严格。曾经有一个和孙婷婷比较要好的同事，只是因为学了吸烟，就被孙婷婷拉到了"黑名单"里——断交了。

> 因为对生活付诸欣赏，快乐便会向我们走来。

还有就是交男朋友的问题，像孙婷婷这样的女孩，身后怎么可能没有排队的追求者呢？可事实上就是没有，孙婷婷的高傲是人尽皆知的。偶尔有个"不怕死"的追求者，孙婷婷当然是眼睛看都不看，弄得男孩子只能知难而退……

类似故事中孙婷婷这样的人在生活中其实并不鲜见。他们的共同点就是，总看到生活不尽如人意的方面，而不是学着欣赏生活，发现其美好的一面。长此以往，不但自己感受不到生活的美好，而且让自己周围的人也难以忍受这种影响，于是逐渐远离自己。

其实，我们生活在一个五彩斑斓的世界，生活的快乐，源于我们对这个世界的关注与欣赏。欣赏不仅仅是视觉上的感受，它是一种人生的哲学，更是一种人生的体验。它凭借着我们情感的触角，体会着这个世界的不同感悟。因为欣赏，岁月才呈现出生命的无比轻盈和快慰；因为欣赏，岁月才呈现出如此深邃而丰富的姿容；因为欣赏，人生才可以经历苦难而甘之如饴。

反之，如果我们用挑剔的眼光去看待生活，我们的内心就没有宽容的心去支撑那一片美丽的天空，去耕耘那一亩理解的沃土。这样，我们的生活怎么会绚丽多彩呢？！学会欣赏，我们便会拥有快乐；学会欣赏，我们便懂得享受；学会欣赏，我们便走近幸福。

◎ 面对生活中的不完美，要释然面对

有的人总是爱挑毛病，在他们眼里，这也有问题，那也欠妥当，总之什么事都难入人家的法眼。

这些人不知道，这个世界本来就不存在所谓的完美，任何事情都有缺

憾，人人也都有缺点。否则，也不会有"金无足赤，人无完人"这样的精辟之言了。

如果一个人在生活中总是苛求完美，只能让自己因为无法企及而变得浮躁，最终不仅达不到完美，反而让自己陷入失望与痛苦之中。因此，与其吹毛求疵，不如学会释然，只有放宽心，生活才能变得更为美好。

一座深山的寺庙里住着几个和尚。一天，老和尚觉得自己时日不多，便想从弟子中找一个接班人来接替他。但是，弟子个个都很优秀，老和尚一时不知道如何选择。

过了几天，老和尚把所有的弟子都叫过来，吩咐他们去寺院后面的树林里各自找一片最完美的树叶回来。

对于师父的这一安排，弟子们都不知葫芦里卖的什么药，但是仍然照师父的吩咐去做了。

众弟子来到树林，有些人心想，这么多的树叶到底什么树叶才是完美的呢？众人冥思苦想，也不知道什么样的树叶是完美的，但师父交代的事情也不能应付，更不能不做。

于是，大家开始在树林里仔细并辛苦地找起来。结果到天黑累得气喘吁吁，也没能找到那片"最完美的树叶"，最终都空手而归。众弟子中，只有一个弟子心想：这里的树叶这么多，每一片树叶又各自不同，什么样的树叶才是最完美的呢？于是他便在树林里随便拣了一片完整无损并且很干净的树叶带了回去，早早地回到寺院里。

一天很快过去了，老和尚见众人都气喘吁吁地空手而归，唯有这个弟子很平静地把一片树叶交给他，便问他："你拣回的这片树叶是最完美的吗？"

只听这个弟子答道:"是的,虽然我不知道您说的最完美的树叶是什么样的,但我认为我拣回的树叶是最完美的。"

接着,老和尚又问那些空手而归的弟子:"你们都没有找到吗?"

所有的弟子都说:"我们尽心尽力地在树林里找了,但是根本没有找到最完美的。"

最后,老和尚宣布自己的接班人是那个拣回树叶的弟子。

> 学会放下对生活琐事的苛求态度,不去过分追求完美,生命就会处于快乐和放松的状态。

那些因寻不到"最完美的树叶"空手而归的弟子们,心里都被"完美"给蒙蔽了,殊不知,世界上不存在完美的事物。只有那个捡回树叶的和尚,知道这一道理,于是他便成了师父的接班人。这个故事旨在告诉我们:一味地吹毛求疵寻找心中完美的事物,到头来只能什么也得不到。

反观我们的生活,是不是也存在和众多和尚类似的人呢?他们孜孜不倦地想要得到最好的,认为完美才能解决一切问题。殊不知,很多时候,我们所追求的"完美",只是一些美丽的错觉罢了。实际上,世界上所有的事物的发展都是相对的,即便这一面看似完美了,另一面也难免会有残缺,比如,很多为了追求财富无极限的人,一味地在事业上追求完美,而不惜付出绝大部分时间和精力,可他们却失去了家庭带来的天伦之乐,丢掉了健康这个革命的本钱。

诚然,对于完美的追求是大多数人天生的一种秉性,或者说是人的一种心理特点,这并没有什么错。因为我们人类也正是在追求中不断地完善自己,才创造出了如今五彩缤纷的世界。但是,凡事都要适度,如果仅仅因为差缺那么一点点而终日耿耿于怀或者顽固到底，那就有悖于人生追求美的初衷了。

有一位对爱情持理想主义的男子，一直试图找一位完美的女子做老婆。然而很遗憾，他直到70岁还没找到，依然孤身一人。有人问他："你寻找了几十年，找遍了世界上很多地方，难道连一个完美的女人也没遇到吗？"那名男子非常伤心地说："有一次，我是碰到了一个完美的女人。"那个人又问："那你为什么没有和她结婚呢？"那个男子说："没有办法，她也正在寻找一个完美的男人。"

著名教育家季羡林先生这样说过："每个人都争取一个完满的人生。然而，自古至今，海内海外，一个百分之百完满的人生是没有的。所以我说，不完满才是人生。"

然而遗憾的是，我们的现实生活中，很多人都和故事中这名男子一样追求着完美，他们希望事业永远顺达，家庭永远美满，婚姻永远幸福，恋人永远无可挑剔……

只是到头来会怎么样呢？事业总会有成功失败，家庭也总会有矛盾别扭，婚姻也免不了或大或小的痛苦，恋人还是不够完美。其实，人生不如意十之八九，不完美的人生才是真实的，那种希望所有的事都能够尽善尽美的想法只能出现在文学作品里头或者完美主义者的希冀中罢了。

不管我们承认不承认，那些过于苛求的人，他们的人生总是相对地极为沉重，生活也是十分地疲惫不堪的。这是因为，过分苛求的人的性格中往往存在着偏执的一面，他们常常自我较劲、自我压抑，全然不顾这些会对人的身心造成非常大的伤害。有心理学家这样说：过分苛求自己的人，平时总会感到有很大的压力，并且经常处于焦虑和疲惫中。一个人的情绪如果长期处于这种状态下，那么很容易走上极端，患有各种心理疾病，比如抑郁症等。

我们都知道这样一句话："水至清则无鱼，人至察则无徒。"在现实生活中，如果我们对人、对事、对自己都过于苛求，那么只能让自己身陷孤寂、痛苦和焦灼之中。这样的状态，恐怕不是我们所期待的吧！既然如此，我们何不学会理性地看待现实，认清自己，在困惑时多一些释然，少一些苛求，这样，我们就更能深刻体会生活和生命的意义！

◎ 除了生命，一切都微不足道

对于生命，自古以来有着太多或深刻，或朴素的定义。有人说，"生命是最宝贵的，因为它只有一次"；有人说，"我们要像爱护生命一样爱护……"的确，世界上最为珍贵的东西，莫过于生命。和生命比起来，其他一切都显得卑微。

可是，有多少人真正认识到这一点并付诸实践了呢？相反，我们倒是看到很多人因为追求财富，追求心中期待的那份美好而不惜以身体健康为代价。这样，又怎么是热爱生命呢？

不是有这样一个说法吗？如果把人生看作是一连串数字的话，那么身体健康就是前面的"1"，金钱、事业、爱情等是"1"后面的"0"，显然，人生要是没有前面"1"的话，后面有再多的"0"，也是没有任何意义的。而这里所说的健康，自然是延伸意义上的生命。

可见，生命是如此宝贵，如此重要。那么，为了保护好这个"1"，我们就要认真对待我们的身体，好好爱护我们的生命。

虽说我们要为了事业而奋斗，要为了家人而拼搏，但是我们绝不能忽略自己，任何时候都要善待自己，爱惜自己，让自己拥有完整、健康、愉悦的生命过程。

第二次世界大战期间，琼斯作为美国一艘潜艇上的瞭望员，参加了向水下潜行的战斗任务。

有一天，他正在工作时，注意到一支由一艘驱逐舰、一艘运油船和一艘水雷船组成的日本舰队，以极快的速度向自己所在的潜艇逼近。他赶紧把这一情况上报给指挥官，指挥官立刻下令准备发起进攻。

可是令人遗憾的是，他们的攻击还没开始，日本的水雷船却已掉过头来，朝潜艇这边冲过来。原来，有一架空中日本战机也测到了潜艇的位置，而且通知了海面上的水雷船。无奈之下，指挥官只好再次下令潜艇紧急下潜，以便躲开水雷船的攻击。

短短几分钟时间里，日军的6颗深水炸弹就在潜艇的四周炸开了，潜艇被逼到了水下83米深处。潜艇上的每个人都知道，只要有一颗炸弹在潜艇5米范围内爆炸，潜艇就会永远留在海底了。

然而，就在这千钧一发之际，指挥官决定以不变应万变，他下令将艇上所有的电力和动力系统都关掉，然后全体官兵静静地躺在床铺上。

当时，琼斯和其他战友都害怕极了，就连呼吸都觉得异常困难。他在心底不停地问自己，难道这就是我的死

> 生命有限，健康无价，不要一味地追求而忽略了健康，因为健康的生命是人生幸福和事业成功的保障。

期?尽管潜艇里的冷气和电扇都关掉了,温度高达36度以上,琼斯仍然冒着冷汗,心跳的声音比炸弹爆炸的声音还要大。

日军水雷船连续轰炸了15个小时,琼斯却觉得比15年还漫长。寂静中,过去生活中的点滴在眼前重现:琼斯加入海军前是税务局的小职员,那时,他总为工作又累又乏味而充满着抱怨,报酬太少,升职也遥遥无期;烦恼买不起房子、新车和高档服装,经常因为一些琐事与妻子争吵。

这些烦恼的事情,过去对琼斯来说似乎都是天大的事。而今置身这坟墓一样的潜艇中,面临着死亡的威胁时,他深深地感受到:当初的一切烦恼都显得那么渺小,它们和生命比起来,简直就不值得一提。

于是,他在心底暗暗发誓:只要能活着看到太阳,一定要珍爱自己,珍惜生命。

日军终于把所有的炸弹扔完开走了,琼斯和他的潜艇又重新浮上了水面。

战争结束后,琼斯回到祖国,并重新参加了工作,经过生死的考验之后,他更加热爱生命了,懂得如何去幸福地生活。他后来回忆说:"在那可怕的15个小时里,我深深体验到了生命的珍贵,和生命相比,世界上其他事情都是那么的微不足道。"

15个小时,或许对于平常的日子来讲算不了什么,但是对于在生死线上苦苦挣扎的琼斯来讲,却是极其漫长的。也正是这次有惊无险的战斗,让琼斯体验到了生命的珍贵。

就生命本身而言,我们和琼斯尚无分别,我们每个人的生命都是如此,只是我们还没有经历那种生死边界的痛苦挣扎,因此感受没那么深刻罢了。

其实,对每个人来讲,世界上没有一样东西比自己的生命更为珍贵,和生命比较起来,任何的痛苦和烦恼都显得无比渺小。

和琼斯的经历相似，麦伦也有过一番对生死的体悟。

几年前，因为动脉血管瘤而住院手术的他，在 ICU 病房里思考了很多：我几乎从不珍惜自己，以前根本不相信自己会生病，更没有想过会病倒，而且需要这么一次大型手术。即使患了高血压，我也不听医生和家人的劝告，总是偷偷地把买来的药扔到垃圾桶。对待工作，我总是精益求精，对待妻子和整个家庭也是一丝不苟。可是现在，自己却因为没有好好珍惜自己的生命，而落到这步田地。以后，只要我能够好起来，我再不会像从前那样对待自己了，我要好好爱惜自己的身体。

经过了生死的考验，终于体会到生命的价值，这是琼斯和麦伦带给我们的启示。

诚然，我们都是生活在社会中的人，谁都难免会有痛苦和烦恼。那么，要想应付各种挑战，没有良好的心理调节和心理平衡能力将会很难应付。

因此，我们要学会调整自己的情绪，凡事多往好处想，一定不要等到生死关头才感悟到生命的可贵，而应时时刻刻把身体健康放在一切事情的最前面。只有拥有"革命的本钱"，我们才能打赢一场又一场的人生之战。

◎ 事实无法改变时，试着改变自己的想法

很多事情的出现，根本由不得我们自己，即使我们做出了百分百的努力，结局或许还是和愿望相背离。

下篇 转念：心随境动生烦，境随心转则悦

对此，有的人苦苦哀怨，有的人则顺其自然。显然，哀怨者只会让不幸的遭遇放大 N 倍，而对于事情好转却无任何作用。顺其自然者显然是接受了命运的安排，与此同时，他们更多的是把事情换了个角度来看，"塞翁失马，焉知非福"或许就是他们对这段遭遇的理解和诠释。

相比较而言，后者之于前者，显然更容易从不幸中走出来，重新投入到生活的滚滚浪涛之中。

其实，我们每个人都有必要学习后者，因为事情出现了，不管是什么结局都无法改变，而此时能够改变的，只有人的想法。路还是原来的路，境遇还是原来的境遇，而当我们的内心灵活了，路和境遇所带给我们的感受自然也就不同了。

在很久以前，有一个国家，人们都赤脚走路。有一天，国王去一个偏远的乡村旅行，由于路面坑坑洼洼，又有一些碎的石子，扎得国王的脚很疼。为此，国王既生气，又痛苦。

回到王宫后，国王颁布了一条命令：全国所有的道路都铺上一层牛皮，让人们不再承受刺痛之苦。

国王的想法是好的，可是从哪里弄到这么多牛皮呢？就算杀了全国的牛，也无法凑够铺满全国道路的牛皮。一时间，可愁坏了接受命令的大臣。一方面是国王之命不可违，一方面是不可能筹措够用的牛皮。

就在执行命令的大臣一筹莫展的时候，一个聪明的年轻人斗胆向国王谏言说："国王啊，为什么您要劳师动众，牺牲那么多头牛，花费那么多金钱呢？您何不只用两小片牛皮包住您的脚，这样不就免受石头硌脚之苦了吗？"

听了年轻人的话，所有人立马醒悟。国王于是立即收回命令，改用这位年轻人的建议。据说，这就是"皮鞋"的由来。

国王为了免除刺痛之苦，想出在道路上铺牛皮的做法，虽说是一番好意，但毕竟是一个劳民伤财的笨办法。而那个聪明的年轻人的想法却是，不改变道路，只改变自己的脚，这样一来同样可以达到目的。而且这种做法比给全国的道路铺牛皮可容易多了。

通过这个故事，我们可以看出，想改变周围的环境很难，而改变自己则容易得多。与其改变环境，不如先改变自己。当我们改变了自己，我们周围的环境也就跟着改变了。这是一种智慧，也是一种策略。

一位女作家在其成名前曾有一段时间陪伴丈夫驻扎在沙漠的陆军基地里。由于丈夫经常到沙漠里去演习，好久都不回来，女作家经常是一个人待在基地的小铁皮房里。沙漠里的天气热得受不了，而且她远离亲人，身边只有两名不会说英语的外国人，因此她感到很无聊，很难过。

于是，她就给自己的父母写信，向父母抱怨自己这里生活的糟糕状况，并表示要不顾一切回家去。

不久之后，她收到了父亲的回信，打开一看，信的内容居然只有两行字：两个人从牢中的铁窗望出去，一个看到泥土，一个却看到了星星！正是这句话，让她永远铭记在心，也正是这句话，彻底改变了她的生活。

> 即使面临不幸，也不要把事情全往糟糕处去想，说不定换个角度，就会看到另外一番景象！

女作家反复读父亲的来信，读着读着忽然觉得非常惭愧，于是决定要在沙漠中找到星星。

从此之后，她不再把自己困在小铁皮房里，而是主动走出家门，开始和当地人交朋友。对于她的这一巨大改变，人们大为惊讶。

　　当然，人们也都对她非常地友好。当发现她对他们当地的纺织、陶器等感兴趣时，他们就把自己最喜欢但舍不得卖给观光客人的纺织品和陶器送给了她。此外，这位女作家还认真研究那些漂亮的仙人掌和各种沙漠植物，而且还学习了大量有关土拨鼠的知识。有的时候，她还会坐在石头上，静静地观看沙漠中的日落……一切竟然那么美妙而温暖。

　　毋庸置疑，正是父亲来信中的那句"两个人从牢中的铁窗望出去，一个看到泥土，一个却看到了星星！"这句话让女作家的心态来了个180度的大转弯。其实，仅仅是一念之差，就让这位女作家原先认为恶劣的生活环境变为一生中最有意义的冒险。

　　当充分感受到自己眼前的这个新世界后，女作家兴奋不已，为此写下了《快乐的城堡》一书。这时候，她知道自己终于从"牢房"里看到了星星。

　　从某种意义上说，我们的生命有着追寻快乐和幸福的本能，不管在什么情况下，我们只有努力地改变自己，才能让快乐产生，让幸福成长。如果感到不成功、不快乐、不幸福，或许并不是命运的错，更不是世界不够好，而是因为我们自身做得还不够。

　　我们要清楚，现实世界总会有阴暗面，灿烂的阳光从天上照下来的时候，总有照不到的地方。假如我们只把眼光盯在黑暗的地方，那么只能是自寻烦恼了。因此，我们要去适应环境，改变自己，只有这样，才更容易克服困难、战胜挫折，摘取幸福和快乐的果实。

◎ 舍得，让你的人生豁然开朗

当我们向着曾经的目标迈进的时候，总会有大大小小的障碍出现，但为了实现自己的目标，我们往往选择"一条道走到黑"。

可是，并非所有的愿望都能实现，也不是所有的目的地都能到达。很多时候，我们难免会步入无路可走的困境。这时候，如果还坚持往前走，就势必会撞南墙。既然如此，我们何不换一种思维，往前面的路不通了，那往左边和右边的路是不是可以呢？

在我们的思维习惯中，都喜欢"出手"去获得眼前的利益，而很少有人懂得，在必要的时候，我们应该学会"放手"，学会转弯，丢下已经到手的利益，以获取更大的利益。

很久以前，有一位国王要从众多妃子中间选出一位王后。怎么来选呢？国王的计划是：候选的妃子们均沿着一条河的岸边往前走，在走的过程中注意河边的石子，谁能捡到最大的石子，谁就有资格成为王后。

妃子们为了坐上王后的位子，积极行动起来，并下定决心一定要找到最大的那块石子。在众多妃子中，只有一位走到中途捡了一块就往回返了，而其他的妃子都不停地往前走着，她们看到比较大的石子后，只是看一看，一心想着前面会有更大的石子。于是，就一直走啊走。谁知到后来，石子居然越来越少，个头也越来越小了。

故事的结果自然是那位中途捡回石子的妃子坐上了王后的宝座。

这个故事告诉我们，只有适时适当地懂得放弃，懂得转弯，才会实现自己的愿望，否则，就会被幻想和诱惑牢牢抓住，让自己陷入一个不可实现的梦境里去。

看看我们周围的人们，很多人由于不懂得有选择地加以放弃，于是白白错过了很多机会，最后只得抱憾终身。许多人就像那些一直往前走的妃子们，当机会降临时，总认为更好的机会还在后头，殊不知，就在这种犹豫不决，举棋不定时，已经错失良机。

事实上，在我们的生命旅途中，只有勇于放弃那些空中楼阁般的幻想，我们才能做到脚踏实地；只有放弃那些徒劳无益的等待，我们才能避免虚度光阴；只有放弃那些难以满足的物欲，我们才能保持生命的活力；只有放弃那些不该坚持的错误，我们才能做到拥抱真理。

放弃并不意味着失去，而是一种策略，更是一门艺术。我们执着的那个"我"往往并不是真我，只不过是我们自己的一个幻影罢了。如果一个人能够放弃这种对于"我"的执着，该放手时就放手，就会减少很多烦恼，在人生的道路上就能够轻装上阵，去拥抱雨露、阳光，收获幸福和快乐，走向无限的广阔，自由的天地。这样的我们，才是幸福的，快乐的，也是自由的！

既然如此，我们何不从另一个角度来端详我们的人生呢？实际上，人生就像是演戏，每个人都担当着自己的导演，只有那些学会选择和懂得放弃的人，才能创造出精彩的剧目，才能"剪辑"出优美的人生

> 如果只一味地向前走不懂得变通，那么你永远不会成功，绕过眼前的障碍，你就可以轻松地走到成功的彼岸！

片段。

选择是成功者前进路上的航标，只有量力而行的选择，才会拥有更辉煌的成功；放弃是智者面对生活的明智取舍，只有懂得何时放弃的人，才能够达到如鱼得水的良好状态。

◎ 改变别人的想法，不如转变自己的观念

与人打交道的时候，我们常会用"强势"或者"弱势"来衡量这个人的个性特征。那些强势者多半给人一种"我是权威""听我的准没错"的感觉，换言之，他们觉得对的就是对的，他们认为好的就是好的。

殊不知，我们每个人相对其他人都是独立的，这种独立性也决定了大家都是平等的。那么我们对别人讲话就要用商量的语气，而不要强势又强制。即使有必要指出别人的缺点，我们也一定要注意措辞和语调的委婉，而不能横冲直撞。

留意一下周围我们会发现，有些人往往喜欢不加掩盖地说出别人的缺点和短处，这样看似"实话实说"，但对于听者而言是很不舒服的，很容易伤害对方的自尊。

我们都知道"鸿鹄之志"这个词语，一般用来形容一个人的志向远大。其中，鸿鹄指的是一种鸟。

据说当鸿鹄树立了飞向远方的志向后，消息传到别的动物那里，它们都认为这是一件荒唐的事情，鸿鹄简直是自不量力，自寻烦恼。

然而，令所有动物没想到的是，不久之后的一场暴风雪使一切改变了。

由于强烈的暴风雪，使得许多鸟失去了家园，它们被迫长途迁徙飞向远方。但它们陷入极其困难时，鸿鹄飞过来把它们带进一个没有忧愁没有烦恼的乐园里。

不难看出，那些鸟之所以会遭受如此大的损失，就是用自己的喜好来判断事物的发展。反观我们现实生活，也有一些人会像上述故事中的鸟儿们一样，喜欢用自己的喜好来判断事物的发展，而往往这样的举动只会带来不利的后果。

我们应该清楚地认识到，我们习惯性地用自己的喜好去认识、评价、判断、衡量别人，往往有失偏颇，进而不能给他人带来更多更好的影响。

我们来看看下面这个故事。

有一位大学教授来到一个落后的小乡村游玩，他雇了当地村民的一艘小船。当小船开动后，这位教授问船夫说："你会数学吗？"

船夫愣了愣，回答道："先生，我不会。"

教授接着又问船夫："那你会物理吗？"

船夫说道："物理？我也不会。"

教授还不死心，继续问船夫："那你会用电脑吗？"

船夫回答："先生，我不会用电脑。"

听了船夫的话，教授摇了摇头，对船夫说道："你不会数学，你的人生目的已失去三分之一；不会物理，你的人生目的又失去六分之一；你不

> 只有懂得尊重别人的看法、想法和做法，才能获得别人的尊重，成为一个受他人欢迎的人。

会用电脑,人生目的又失去六分之一。也就是说,你的人生目的总共失去了三分之二,你只拥有三分之一……"

教授正说到这里的时候,忽然天空中飘来大片黑云,紧接着刮来了强风。

眼看暴风雨就要到来,小船摇晃得厉害,这时候船夫问教授:"先生,你会游泳吗?"

这时候轮到教授发愣了,他答道:"不会,我没学过。"

船夫摇摇头说道:"那你人生目的快要失去全部了……"

这个故事看上去很有意思,但其中所蕴含的道理却值得我们深思。看看我们的现实生活,是不是有些人就像这个教授一样,总喜欢用自己的标准来衡量别人,他自己是数理方面的专家,便认为数学、物理和电脑这些是最为重要的,如果不了解这些东西,人家的人生就没有了意义。可是,对于船夫而言,精通数学、物理和电脑又有什么意义?这些又不能帮自己拉几个客人,多赚一些钱,还是在紧要关头具备"活下去"的能力更重要。

这个故事是心理学上"投射效应"的生动案例。不可否认,由于人与人之间会存在一定的共同性,都有一些相同的欲望和要求,所以,很多时候,我们对别人做出的推测都是比较正确的,但是,不要忘了,除了共性,人和人之间还存在各自的特性,因为差异的存在,所以会导致我们的推测出错。

因此可以说,这种以己度人的"投射效应"能使我们对其他人的知觉产生失真。因为这种投射使我们倾向于按照自己是什么样的人来知觉他人,而不是按照对方的真实情况进行知觉。所以,我们不能一味地用"我"的标准来作为判断事物好与坏、正确与错误的标准。当没有办法改变别人的想法时，不妨转变一下自己的观念，这样一切就都能想得通了。

◎ 不要为"得不到"和"已失去"痛苦

有些人，在别人看来已经算是人生顺达，生活不错了，可他们自己却总觉得还远不够好，常常觉得：要是以前怎样怎样就好了，或者以后如果怎样怎样就令人满意了。

显然，这些人是活在对"过去"的遗憾或者对"未来"的憧憬中，他们唯独没看到的是现在，是当下。人们之所以如此，是因为随着时间的流逝，我们往往会把心中那些求之不得的东西予以美化，直至其越来越完满；它永远存在于我们的记忆里，而且任凭我们去描画，也就越来越是我们喜欢的样子。这就好比悲剧总是比喜剧更容易让人记住，那些得不到的东西比到手的更能让我们日思夜想，牵肠挂肚。也好比爬山，到过的地方就说不美，攀不上的高峰，就想努力到达。

殊不知，这些想象中的东西是无法和活生生的现实较量的，"得不到"和"已失去"不过是我们为自己编造出来的一个美丽期许罢了，它能够在一定程度上安抚我们失落的情绪，缓解我们悲伤的心灵，但更多的还是会为我们带来遗憾、落寞。换言之，最珍贵的东西并不是"得不到"和"已失去"，而是现在，是此时此刻。

有一天，庄子家里实在是揭不开锅了，去借米，等米下锅。他找到监河侯,一个专门管水利的小官,准备向他借点粮食。监河侯说,你看我现在正在忙着收租子,等我把租子全部收上来,就借你300两黄金。庄子一听,就给监河侯讲了一个故事。他说,昨天我从这个地方过,听到有人叫我,看了一下四周没人,又找了一圈,低头发现地上车沟轧出来的车辙印里面有一条小鲫鱼。小鲫鱼说,给我点水喝好吗?只要有一升水,就能救我的命。庄子说,可以。但是我现在没有水,等我到吴越去,向吴越王请求,开通西江的水,引水回来接你回归大海怎么样?小鲫鱼说,等你把那么远的水调来,那时候,你到那个卖鱼干的铺子,或许还能找到我。说完这个故事,庄子就走了。

故事中的监河侯就没有把握好"活在当下"的要义,不懂得如何过好今天,做好眼下的事,却夸夸其谈筹划着未来。凡事应该因时而异,因时制宜,该做什么事情时就做什么,也就是活在"现在进行时"。

其实,我们每个人的生活中并不缺少幸福,只是缺少发现罢了。如果你还在四处寻觅,那么只能说明你欠缺了一双善于捕捉幸福的眼睛。

> 人之所以痛苦,根源在于失去了想拥有的,想拥有得不到的。其实真正的美好和幸福不在别处,就在当下,就在眼前。

虽然生活中不乏痛苦,但幸福也是无处不在的,拥有亲情是幸福,拥有爱情是幸福,拥有友情是幸福,有钱是幸福,有家是幸福,有知识是幸福,有工作也是幸福……对每个人来说,虽说不能拥有全部的幸福,但是总会有幸福陪伴在身边。所以,请不要再为"得不到"和"已失去"而遗憾和期盼了,真实的幸福就在你身边的一点一滴里。

◎ 一切顺其自然，别让快乐擦肩而过

奔忙于日复一日的生活大潮中，我们常常发出"活着真累"的无奈感慨。因为总有一些时候，我们的内心充满着烦恼与不快。可是，我们是否想过，人有悲欢离合，月有阴晴圆缺，这似乎注定了生命中会有些悲伤与烦恼不请自来。甚至连我们的生命本身，都是依着自然的律动不期而至，依着自然的牵引姗姗前行，最终又依着自然的引领，化作一缕青烟，回到自然中去。

这样看来，似乎所有的一切都已是冥冥之中的定数，由不得我们随心所欲地去抗争。事实上，在我们的人生中，几乎所有的成败与得失，并不是我们能够预料到的，很多的事情也并不是我们都能够承担得起的。但是，如果我们在此过程中尽了力，那么结果就顺其自然好了。

说到底，我们是需要有一种顺其自然的心态。因为只有这样，我们才能保持内心的宁静与和谐，才能在下一个人生的路口怀着轻松坦然的心境继续向前。

关于这一点，佛家的智慧很值得我们学习。我们来看一个故事。

三伏天里，禅院的草地枯黄了一大片。小和尚说："快撒点草种子吧！好难看哪！"

师父挥挥手说："不着急，等天凉了，什么时候有空了，我去买一些草籽。什么时候都能撒，急什么呢？随时！"

> 花开的时候尽情绽放美丽；没有花开的时候，就默默孕育。

中秋的时候，师父买了一包草籽，叫小和尚去播种。小和尚高高兴兴地去撒草种子了，并且跟师父说："等草籽撒上，我们很快就能看到绿油油的青草了。"

可是，秋风乍起，草籽边撒、边飘。"不好了！好多种子都被吹飞了。"小和尚喊道。

"没关系，吹走的多半是空的，撒下去也发不了芽。"师父说，"随性！"

撒完种子，跟着就飞来几只小鸟啄食。"要命了！种子都被鸟吃了！"小和尚急得跳脚。

"没关系！种子多，吃不完！"师父说，"随遇！"

半夜一阵骤雨，小和尚早晨冲进禅房："师父！这下真完了！好多草籽被雨冲走了！"

"冲到哪儿，就在哪儿发芽！"师父说，"随缘！"

一个星期过去了。原本光秃的地面，居然长出许多青翠的草苗。一些原来没播种的角落，也泛出了绿意。

小和尚高兴得直拍手。

师父点头："随喜！"

不得不说，故事中的这位师父真是位懂得人生乐趣之人。他不去苛求，而是抱着顺其自然的态度对待草籽，到头来反而有一番收获。

可看看身在凡尘中的我们，能做到这一点的有几个呢？我们中的大多数往往是为求一份尽善尽美而绞尽脑汁、殚精竭虑，每遇关系重大、情形复杂的状况，更是为之寝食难安。

其实，真正的智慧并非如此，这样做也难以收获理想的结局。在遇到问题的时候，与其百般思量，不如顺其自然，或许更能够柳暗花明又一村。

放旷于天地之间得先有颗自由飘逸的心，随着清风如同白云一样地漂泊，悠闲自在，舒卷随意。顺着因缘而行，豁达坦荡，若如此，也就能凡事求得安心了。当我们一筹莫展时，或许只需要一点点冷静；当我们绝望时，或许只需要一点点理智；当看到别人恶意的眼神或者随意的评价时，或许只需要我们一个淡淡的微笑……我们用这种冷静、理智和微笑化解可能产生的怨愤和怒气，让我们的心灵在世事的涤荡中不断升华。这总比我们对任何事都耿耿于怀，对不友好的人都恨意浓浓要好很多吧。

事实上，生活赐予我们每个人的，并没有太大的不同，我们每个人都有自己固定的位子，阳光照射着国王的宫殿，同时也洒进农夫的寒舍；雨露滋润着高山的青松，也滋养着田里的麦苗。其中真正的不同，只是我们的胸襟中是否拥有一份"顺其自然"。当我们有了这样的心境，就等于拥有了对待人生对待生活的真正智慧，哪怕生活给予我们的是一次又一次的挫折，一次又一次的失败，我们也会以感恩的心态来看待这一切，因为命运并没有夺走我们活得快乐和自由的权利。

当然，让人生顺其自然，并不是表明我们的平庸，而是一种超然的人生境界。没有蓝天的蔚蓝，我们可以有白云的飘逸；没有大海的壮阔，我们可以有小溪的悠然；没有花朵的芬芳，我们可以有小草的青翠……如此，就是重视自己生命的价值，能够在滚滚红尘中独享那份恬静，得意而不忘形，失意而不萎靡。这样的人生，有什么理由不轻松、不快乐呢？

第二章 | 如果不是勇敢承担，人生不会创造精彩

在有些人眼里，一个困难就是一次危机；而在有些人眼里，困难就是一个机会。善于发现并解决问题的人，总会得到比其他人更多的机会，也会得到更多的收获。因此，不管在何种情况下，我们都应该做一个内心拥有责任感、勇于承担的人。当面对问题时，我们要做的就是去战胜它、克服它，只有这样，我们才能走得更远。

◎ 打破胆怯枷锁，才能轻松前行

生活中，我们经常会碰到这样的情况：同样的人在面对同样的事的时候，常常会出现不同的结果。为什么会这样呢？如果我们仔细想想，就不难发现，人世间每一个人的眼光各不相同，看问题的角度与理解事物的能力也不一样，因此会产生如此大的差别。

内心怯懦的人，往往会比较自卑，认为自己这也做不好，那也做不成，遇到事情畏首畏尾，裹足不前。而内心勇敢的人则不会畏惧坎坷，害怕失败，不管什么情况，他们总能够振作精神，迎接挑战。

可以说，一个人真正的失败很大程度上源于生性怯懦，而非其他。他

们或许不知道，胆怯就像一副沉重的枷锁，不仅束缚着我们的行动，还撕扯着我们的自信。如果任由胆怯蔓延，最终将把我们折磨得身心俱疲、奄奄一息，让生命如将熄的蜡烛，毫无生气可言。因此，怯懦就像是自己对自己贬低，自己和自己过不去！

我们来看看下面这个契诃夫的著名的文章——《小公务员之死》。

一个天气很好的晚上，有一位心情同样很好的庶务官伊凡·德米特里·切尔维亚科夫，坐在剧院第二排座椅上，正拿着望远镜观看轻歌剧《科尔涅维利的钟声》。

他看着演出，感到无比幸福。但突然间他的脸皱了起来，眼睛往上翻，呼吸停住了……他放下望远镜，低下头，便……阿嚏一声！

他打了个喷嚏，你们瞧。无论何时何地，谁打喷嚏都是不能禁止的。庄稼汉打喷嚏，警长打喷嚏，有时连达官贵人也在所难免。人人都打喷嚏。切尔维亚科夫毫不慌张，掏出小手绢擦擦脸，而且像一位讲礼貌的人那样，举目看看四周：他的喷嚏是否溅着什么人了？但这时他不由得慌张起来。他看到，坐在他前面第一排座椅上的一个小老头，正用手套使劲擦他的秃头和脖子，嘴里还嘟囔着什么。切尔维亚科夫认出这人是三品文官布里扎洛夫将军，他在交通部门任职。

"我的喷嚏溅着他了！"切尔维亚科夫心想，"他虽说不是我的上司，是别的部门的，不过这总不妥当。应当向他赔个不是才对。"切尔维亚科夫咳嗽一声，身子探向前去，凑着将军的耳朵小声说："务请大人原谅，我的唾沫星子溅着您了……我出于无心……"

"没什么，没什么……"

"看在上帝分上，请您原谅。要知道我……我不是有意的……"

"哎，请坐下吧！让人听嘛！"

切尔维亚科夫心慌意乱了，他傻笑一下，开始望着舞台。他看着演出，但已不再感到幸福。他开始惶惶不安起来。幕间休息时，他走到布里扎洛夫跟前，在他身边走来走去，终于克制住胆怯心情，嗫嚅道："我溅着您了，大人……务请宽恕……要知道我……我不是有意的……"

"哎，够了！……我已经忘了，您怎么老提它呢！"将军说完，不耐烦地撇了撇下嘴唇。"他说忘了，可是他那眼神多凶！"切尔维亚科夫暗想，不时怀疑地瞧他一眼。"连话都不想说了。应当向他解释清楚，我完全是无意的……这是自然规律……否则他会认为我故意啐他。他现在不这么想，过后肯定会这么想的！……"回家后，切尔维亚科夫把自己的失态告诉了妻子。他觉得妻子对发生的事过于轻率。她先是吓着了，但后来听说布里扎洛夫是"别的部门的"，也就放心了。

"不过你还是去一趟赔礼道歉的好，"她说，"他会认为你在公共场合举止不当！"

"说得对呀！刚才我道过歉了，可是他有点古怪……一句中听的话也没说。再者也没有时间细谈。"第二天，切尔维亚科夫穿上新制服，刮了脸，去找布里扎洛夫解释……走进将军的接待室，他看到里面有许多请求接见的人。将军也在其中，他已经开始接见了。询问过几人后，将军抬眼望着切尔维亚科夫。

> 但凡胆小怕事的人，都是没有任何出路和希望的，不能让胆小的心绊住了我们前行的脚步。

"昨天在'阿尔卡吉亚'剧场，倘若大人还记得的话，"庶务官开始报告，"我打了一个喷嚏，无意中溅了……务请您原……"

"什么废话！……天知道怎么回

事！"将军扭过脸，对下一名来访者说，"您有什么事？"

"他不想说！"切尔维亚科夫脸色煞白，心里想道，"看来他生气了……不行，这事不能这样放下……我要跟他解释清楚……"当将军接见完最后一名来访者，正要返回内室时，切尔维亚科夫一步跟上去，又开始嗫嚅道："大人！倘若在下胆敢打搅大人的话，那么可以说，只是出于一种悔过的心情……我不是有意的，务请您谅解，大人！"

将军做出一副哭丧脸，挥一下手。"您简直开玩笑，先生！"将军说完，进门不见了。

"这怎么是开玩笑？"切尔维亚科夫想，"根本不是开玩笑！身为将军，却不明事理！既然这样，我再也不向这个好摆架子的人赔不是了！去他的！我给他写封信，再也不来了！真的，再也不来了！"切尔维亚科夫这么思量着回到家里。可是给将军的信却没有写成。想来想去，怎么也想不出这信该怎么写。只好次日又去向将军本人解释。"我昨天来打搅了大人，"当将军向他抬起疑问的目光，他开始嗫嚅道，"我不是如您讲的来开玩笑的。我来是向您赔礼道歉，因为我打喷嚏时溅着您了，大人……说到开玩笑，我可从来没有想过。在下胆敢开玩笑吗？倘若我们真开玩笑，那样的话，就丝毫谈不上对大人的敬重了……谈不上……"

"滚出去！！"忽然间，脸色发青、浑身打战的将军大喝一声。

"什么，大人？"切尔维亚科夫小声问道，他吓呆了。

"滚出去！！"将军顿着脚，又喊了一声。切尔维亚科夫感到肚子里什么东西碎了。什么也看不见，什么也听不着，他一步一步退到门口。他来到街上，步履艰难地走着……他懵懵懂懂地回到家里，没脱制服，就倒在长沙发上，后来就……死了。

这是契诃夫经典的短篇小说,在这里我们愿意相信:这位小公务员是一个好人,他有一个体贴他的老婆,有一个温暖的家。我们可以愤然地说,是那个万恶的社会残害了他。但是,我们心中应该比谁都清楚,他的真正死因并非是黑暗的社会制度,而是他那颗胆小怕事的懦弱的心。

可见,如果我们过低地估计自己,那么遇事时就会认识不到自己拥有的能力。而无法认识自己,便不会跳出自己的思维模式,越是跳不出自己思维模式,就会越觉得自己不行。这样势必会依赖他人,受他人的操纵。如果是这样,那么每失败一次,自信心就会受到一次伤害。久而久之,所有的行为就会按照别人的意见来行事,一切也就会让别人来操纵,如此可悲的事情便会接踵而至。

但是,如果我们相信自己,深信自己一定能实现梦想,那么我们就会鼓起勇气,笑闯人生风浪。

一位年轻的画家信心满满地把自己的一幅佳作送到画廊里展出。他看着自己付出心血打造的作品,心中十分高兴,认为一定会得到他人的赞美。

于是,他别出心裁地在画作旁放上一支笔,并附言:"如果观赏者认为这画有欠佳之处,那么请在画上做上记号。"第一天展出结束后,年轻画家的这幅画上被标满了记号,几乎没有一处不被指责的。

年轻的画家信心受到了打击,回去想了一晚后,忽然若有所悟,于是赶忙提笔又重新画了同样的画拿去展出。不过,这次的附言与上次不同,他请观赏者将他们最为欣赏的妙笔都标上记号。结果,当年轻画家再取回画时,看到画面又被涂满了记号,原先被指责的地方,却都换上了赞美的标记。

从故事里，我们看出，年轻画家不受他人的操纵，自信而不自满，善听意见却不被意见所左右，这就是成功者应有的心态。

有人说过这样一句话："有自信心的人，可以化渺小为伟大，化平庸为神奇。"是的，世界上每个人看事情的角度都是不一样的，我们没有必要企求得到所有人的赞扬。年轻画家的故事，正好诠释了这个主题。要知道，如果画家在受到指责后，就沮丧不已，认为自己不行，那么他真的就会因此消沉下去，没有信心再继续从事创作了。

怯懦就是看不起自己，而看不起自己，就是自己和自己过不去。生活中，人们常常把自信比作发挥主观能动性的闸门，比作启动聪明才智的马达，这都是很有道理的。我们只有确立自信心，赶走怯懦，才能真正地发现自己，肯定自己。

要知道，相信自己，就是相信自我是有价值的。这种价值体现在我们能够为社会、为他人创造价值，而且社会、他人也会反过来为我们提供相应的服务。所以，抛弃怯懦的心理吧！只要我们相信自己，就能把握住自己的个性；只要不在乎别人怎么评价自己，就能为自己赢得一片天地。而如果我们不信任自己、不尊重自己，那自然就不会得到别人的信任和尊重。

其实，成功最可靠的资本就是自信，而最大阻碍就是胆怯。因此，我们只要相信自己的价值，充分认识自己的长处，就一定能够保持奋发向上的劲头，一定能够取得最终的成功。

◎ 靠人不如靠己，幸福要自己创造

有的人喜欢把希望寄托在他人身上，比如靠父母帮自己买个房子，靠亲戚为自己找份工作，靠同事出谋划策搞定工作……凡事都依赖于他人，总希望从外界得到援助，而自己却像个没事人一样不去努力，无所作为。

不客气地说，这样的人和寄生虫又有什么区别呢？

也许他们会说，自己的力量是有限的，靠别人不正是人多力量大的最好体现吗？

有些时候或许人多真的力量大，但在创造一个人的未来，促进个人的成长和成功方面，却未必如此。不管外界的力量有多么巨大，最终能决定成败的还是你自己，而且只有你自己。

在一个寺庙里，有一位乐善好施的方丈。因为这一点，方丈在十里八乡都很有名，使得乞丐们经常到方丈所在的寺庙里乞讨。

一天，一个只有一只手的乞丐来到寺庙，向方丈乞讨，方丈看了看寺庙门前的一堆砖，对乞丐说："你帮我把这砖搬到后院去吧。"

可是，乞丐觉得方丈难为自己，就生气地说："我只有一只手，怎么能搬砖呢？你不愿意施舍就不施舍，何必捉弄我呢？"

没想到，方丈自己却伸出一只手搬起一块砖，向乞丐说："一只手也可以把砖搬起来呀。"

乞丐无奈，只好用一只手一块一块地搬。整整花了一个下午的工夫，乞丐才把砖全部搬到后院。

搬完后，方丈递给乞丐一点银两，乞丐接过钱，很感激地说："谢谢你，方丈！"

方丈说："不用谢我，这是你自己赚的钱。"

乞丐说："我不会忘记你的。"说完深深地鞠了一躬，就离开了。

第二天，又有一个乞丐来到了寺院乞讨。方丈把他带到后院，指着前一天的乞丐搬过来的砖堆说："你把砖搬到屋前我就给你一些银子。"但是，这位双手健全的乞丐却鄙夷地走开了。

方丈的弟子见了，不明所以，就问方丈："上次您叫乞丐把砖从前院搬到后院，这次您又叫乞丐把砖从后院搬到前院，你到底想把砖放在前院，还是后院呢？"

方丈对弟子说："砖放在前院和放在后院都是一样的，可搬不搬对乞丐来说就不一样了。"

几年后，一个很体面的人来到了寺院。这人只有一只左手，他就是用一只手搬砖的那个乞丐。自从那次方丈让他搬砖以后，他找到了自己的价值，然后靠自己的辛勤劳动，奋力拼搏，终于变成了一个富翁。这次来他是特意为寺院捐献一大笔钱的。

就在他走出寺院时，他碰到了一个乞丐向他乞讨。那个乞丐就是原先双手健全的乞丐，现在依然还是乞丐。

方丈在寺院大门口对弟子说："你看到了吧，这就是命运。命运靠自己掌握，幸福靠自己创造。"

没错，一个人要想拥有好命运，就只能靠自己的双手来创造。上述故事中，第一个乞丐在方丈的引导下，学会了用自己的劳动创造幸福，最终他果然功成名就；第二个乞丐则太过将希望寄托于别人身上，不肯用自身的付出来换取回报，他的结果自然是一辈子都在做乞丐。

因此，我们说，当我们渴望获得人生的成功和美满时，最应该做的，就是像第一个乞丐那样，尽自己所能来努力创造，而不是像第二个乞丐那样相信自身之外的东西，以至于失去信心。

类似于第一个乞丐那样靠自己的劳动战胜困境，取得成功的人会告诉我们：不幸并没有那么难以打败，只要在不幸中坚持对美好生活的向往，并积极地去学习、去创造，就一定会把自己从糟糕的生活中解救出来。《英国和威尔士的美人》一书的作者约翰·布里敦就是自己将自己从困苦的生活解救出来的人，我们来看看关于他的案例。

> 人生是一条没有尽头的路，不要留恋逝去的梦，不要把幸福寄托在他人身上，而应告诉自己，幸福只把握在自己手中。

约翰·布里敦是个贫寒家庭的孩子，他做面包师的父亲因为被人抢了生意而发疯。这对于约翰·布里敦及他的整个家庭来说，无异于雪上加霜。那时候，约翰·布里敦还是个孩子，面对突如其来的不幸，他不知道该如何做，茫然不知所措。

不过可喜的是，约翰·布里敦并没有因此而沉沦、堕落。相反，他坚定地扛起了赚钱养家的责任。约翰·布里敦去了他叔叔开的酒店里做勤杂工，比如帮着伙计装酒、上瓶塞、储存葡萄酒等，他干起活来像个小大人一般。就这样，约翰·布里敦辛辛苦苦干了5年活后，他突然被他叔叔逐出门。兜里只有几个硬币的他，硬生生熬过了六七年漂泊不定的生活。

几年来，没有任何依靠的约翰·布里敦经历了种种委屈。没有人能够帮他，能够帮助他的只有自己。由于没钱坐车，他只好步行走了很远，在那里找到了一份擦鞋的工作，赚了些路费后，他又去了大城市伦敦。

工作依然不好找，直到很久之后，被饿得面色发紫的约翰·布里敦终于在伦敦酒店找到一份管理酒窖的工作。工作的时间很长，甚是辛苦，每天要从早上7点工作到晚上11点，并且要一直闷在漆黑的酒窖里。

虽然长时间过度地劳累影响了约翰·布里敦的健康，但他并没有因此就懒下来。为了摆脱穷困的命运，约翰·布里敦一有时间就读书写字，由于他住的地方十分寒冷，他又没钱买炉子，所以一到晚上就不得不缩在被子里看书。后来，他开始从事律师的工作，这份工作相对轻闲些，工资也比以前高。又过了几年，他换了一家律师事务所，工资也涨了些，但他仍然坚持看书，并尝试写作。

功夫不负有心人，终于在约翰·布里敦28岁那年，他出版了自己的第一本书《皮萨罗的求职经历》。从那以后直到去世，约翰·布里敦一直坚持文学创作。55年间，他出版的作品达87部，其中《英国大教堂的古代风习》一书最为有名，此书体现了约翰·布里敦不知疲倦的勤奋风格。

约翰·布里敦的命运如果安插在我们身上，也许我们早就在无情的生活中堕落了。约翰·布里敦之所以值得我们敬佩，就在于他的每一次成长，每一点收获都是从无情的命运之嘴中抢过来的，上天没有赐予他好的出身，好的家庭，但给了他一份"靠天靠地不如靠自己"的坚强意志，这足以让他受益一生。

应该说，包括我们自身在内的，每一个正享受美好生活的人，其幸福都是自己创造的，而不是依靠他人的施舍、帮助而获得的。

或许你此时正处于苦难煎熬中，是想成为依赖他人的懦夫，还是做依靠自己的强者，想必心中已有答案了吧。

◎ 从小事杂事做起，不要眼高手低

回想一下我们所受的教育，尤其是幼年时代，是不是常有长辈灌输：要胸怀壮志，要做大事，成大气候……因此，在很多人的意识里，对于那些细微、琐碎、不显眼的小事，便不会予以重视。殊不知，不管是日常生活，还是每个人所做的工作，无不是由一件件小事构成的。

古人也告诫我们：一屋不扫，何以扫天下？说的也是同样的道理。也许是因为我们目睹了太多的小事，也经历了太多的小事，所以往往感觉不到小事的存在，对它们已经变得习以为常。由于各种小事看上去都是那么毫不起眼，因此每个人都难免在有意无意间忽略了小事的力量和价值。

事实上，每一件大事都是由无数件小事组成的，换句话说，任何一件小事，都会事关大局。如果在一件小事上失误，那么很可能就此为大事、为全局埋下失败的隐患。这样一来，势必带来不可想象的后果。

郭伟是苏州一家服装厂的业务员。有一次，他为单位订购一批牛皮，在合同中写道："每张大于5平方尺、有疤痕的不要。"令郭伟没想到的是，仅仅是一个"顿号"的差错，就给单位造成了巨大的损失。因为，上面合同中这句话，应该写成"每张大于5平方尺。有疤痕的不要"。

就因为这一个小小符号的差错，使得供货商钻了空子，发来的牛皮都是小于5平方尺的，郭伟他们公司只得哑巴吃黄连，有苦说不出。

还有一个类似的案例,我们一起来看一下。

英国曼彻斯特有一位商人给苏格兰的客户发电报报价:"10万吨大豆,每吨500美金。价格高不高?要不要?"而苏格兰的那个商人原意是要说"不。太高",可是他在电报里少写了一个句号,内容就变成了"不太高"。这样,对方就给他发货了,无奈之下,他也只好成交。但这样使他一下子损失了好几万美金。

在现代社会中,类似的案例可以说不胜枚举,而故事的起因,无不是因为那一个个细小的瑕疵而导致的。

然而,在现实中,很多人往往对小事情不注意,认为要做就做大事。还有一些人觉得只要做自己的工作就够了,坚决拒绝"分外"的杂事。实际上,很多小事、杂事都可以拓宽你的人生之路,为你创造各种接近成功的机会。所以,不要看轻任何一项工作,不要把一点一滴的努力看成是小事,渐渐地你会发现,你的成功就是从小事开始的!

在一所中学开学的第一天,班主任就对学生们说:"今天咱们只做一件事,每个人尽量把胳膊往前甩,然后再往后甩。"说着,他做了一遍示范。

"从今天开始,每天做300下,大家能做到吗?"学生们都笑了,这么简单的事,谁做不到?可是一年之后,班主任再问的时候,全班却只有一个学生坚持下来。这个人成了后来颇有名气的企业家。

> 从点滴做起,从基础做起,这样,你的人生之路才会越走越宽,越走越顺畅。

"这么简单的事,谁做不到?"这正是许多人的心态。但是,请看看吧,所有的成功者,他们与我们都做着同样简单的小事,唯一的区别就是,他们从不认为他们所做的事是简单的小事。

其实,每个人应付的事情,无不是由一件件小事构成的。话务员每天不断地拨打和接听电话;部队里的士兵每天都要进行队列训练、战术操练等;财务工作者每天要做的就是整理报表,核算开支等小事;酒店里的服务员每天做的就是整理床铺、打扫房间等小事。

总之,每个人都在各自的岗位上做着一件件小事,而这些小事往往就决定了一个人处理事情时态度的优劣,能力的强弱。

所以,即使面对周而复始的小事情,我们也不要感到厌倦,不要觉得这些小事毫无意义而提不起精神。而要记住:这就是你应该承担的责任。

有一只钟表被组装好了,被钟表匠摆在了两个旧钟表中间。新的钟表听到两只旧钟正在"嘀嗒嘀嗒"地向前走着,感到很好奇,于是问道:"你们一年摆多少次呢?"

其中一只旧钟骄傲地说:"我们一年能摆31536万次,我怕你走完这么多次,你这小体格会受不了。"

"我的天啊!31536万次?你们太伟大了,这么大的事情,恐怕我是做不到的。"新钟表有点沮丧地说。

另一只旧钟拍拍小钟的头说:"孩子,别听他胡说,不用担心,你只要每秒钟好好地摆一下就行了。"

"真的吗?只有这么简单吗?"新钟表将信将疑地说,"不管是不是真的,那我就努力试试吧。"

就这样，新钟表就认真地一下一下地摆着，并且每秒钟很"轻松"地摆一下，一年过去了，新钟表也摆完了 31536 万次，它在完成一件件小事之后，完成了一件看似不可能完成的大事。

可见，即使成功看上去离我们很遥远，实现起来很费劲，但我们只要能够努力把眼下的一点一滴做好，那么成功并非是遥不可及的。

如果总想着做什么样的事才能成就伟大，怎样才能名利双收，那么就容易眼高手低，把眼下的小事情给忽略掉。所以，如果真的想成为一个"做成大事"的人，就不能放过任何一个小的细节。因为很多时候，成就大事的起点就在眼前的小事上面。

◎ 责任，能激发你的无限活力

面对工作中的责任，不少员工会感到强大的压力，心理上难以承受，以至于在责任面前表现得手足无措、无所事事、故步自封。

殊不知，责任不是别人给你强加的负担，而是你敢于挑战自己的积极选择！因为内在的责任感可以转化为一种动力，唤醒我们潜在的力量，激励我们克难攻坚，始终保持乐观向上的精神状态。

科学家们做过这样一个试验。

在森林的一角，将母豹子和它的小豹子一起关在巨大的铁丝网里。试验一开始，科学家们先把母豹子放了出去，仍然囚禁着小豹子。此后一个月里，母豹子时常在铁丝网的外围徘徊，它越来越瘦，精神委顿，有气无力。

接着的下一步，按试验的原计划应该把小豹子也放出去。然而有不少人开始主张不要放走小豹子，因为母豹子的状态看起来很不好，恐怕活不了几天了，小豹子交给它后肯定也活不了。但有一位科学家坚持放走小豹子，他认为小豹子恰恰是拯救母豹子的"天使"。小豹子被放到铁丝网外了，它跟着母亲走进了森林深处。

一段时间里，科学家们再也没有看到母豹子和小豹子，很多人以为它们已经一命呜呼了。正在大家失望之际，母豹子和小豹子出现了。人们发现小豹子长大了不少，毛色油亮，母豹子也恢复了健壮。

原来，母豹子一开始以为小豹子会被一直关在铁丝网里，自己活着没有动力。小豹子被放出来后，它承担起了哺育小豹子的责任，便一下子打起了精神，积极地捕猎食物，所以改善了健康。

这个试验告诉我们，活力来自于责任感，承担责任可以唤醒我们潜在的力量，不仅动物如此，人类也是如此。

每个人都有自己需要承担的责任，责任会带给你压力，同样也会成为动力。责任是潜能的"催化剂"，能够有效激发你的潜能，从而运用固有的能力完成原本认为不可能完成的任务。

> 责任不是别人给你强加的负担，而是你敢于挑战自己的积极选择。

在列车行驶过程中，一节车厢里传出一阵痛苦的呻吟。大家循声望去，是一位年轻的孕妇，她出现了临产的征兆，痛苦使她的身体扭作一团，蜷在座位上。坐在她身边的丈夫很紧张，赶紧向列车长求救。

很快，在列车长的安排下，年轻的孕妇被抬进了用床单隔开的临时病房。丈夫焦急地告诉列车长，妻子以前难产过一次，孩子没保住。见情况危急，列车长迅速广播通知，紧急寻找妇产科医生。

这时，一位二十出头的姑娘害羞地站了起来，小声地对列车长说她是一名妇产科的实习医生，可是参加工作不到一个月，而且还从来没有接生过，对接生的认知仅仅局限于教材上那一点点。更糟糕的是，今天这个产妇又有难产经历，人命关天，她建议将产妇送往就近医院进行抢救。

列车离最近的一站也要行驶一个多小时，孕妇已经等不及到医院了。列车长郑重地对实习医生说："你虽然只是一个实习生，但在这趟列车上，你就是医生，你就是专家，我们相信你。"

姑娘脸上在一瞬间掠过神圣无比的表情，她深深地吸了一口气，昂首挺胸、信心百倍地走向了临时病房。白酒、毛巾、热水、剪刀什么都准备好了，只等关键时刻的到来。

差不多半个小时后，婴儿的啼哭声宣告了母子平安，一直悬着心的乘客们热烈地鼓起掌来，"你从来没有接生过，你是怎么做到的啊？"有乘客问道。

"列车长说我是医生，我是专家，给了我很大的压力。不过，也让我明白了，在这里，只有我能够完成接生这个任务，而且作为这里唯一一个学医的人，我应该担负起这份责任。"姑娘回答。

事例中，从来没有接生过，对接生的认知仅仅局限于教材的妇产科实习医生，之所以能够独立自主地、顺利地完成接生工作，正是源于列车长"你是医生，你是专家"的压力和她对两个生命的责任。

的确，责任不是别人给你强加的负担，而是你敢于挑战自己的积极选择。无论是在工作还是生活中，不管事情的大小，唯有勇敢地承担起责任，充分地发挥自己的潜能，你才能够比其他人做得更加尽善尽美。

一位著名的成功企业家，曾经遭遇过一段事业低谷，问及他如何"鲤鱼大翻身"时，他如是说："当我们的公司遭遇到前所未有的危机时，我突然不知道什么叫害怕，我知道必须依靠自己的智慧和勇气去战胜它，因为在我的身后还有那么多人，可能会因为我的胆怯从此倒下。所以，我决不能倒下，这是我的责任，我必须坚强、更坚强！"

因此，在面对各种责任时，不要再把它当作压力，要把它当作挑战自己的积极选择。勇敢地承担起责任，积蓄自己的力量，不断地将自身的潜力一点点地发掘出来，你迟早会实现自己的理想和人生目标的。

◎ 超越不可能，破除自己的自我设限

西方有句名言："思想决定命运。"不敢向有难度的工作挑战，就是对自己潜能没有信心和自我限制。这种思想最终会让自己无限的潜能转化为乌有。

所以说，勇于向"不可能"挑战的精神、信心和勇气，是一个员工获得成功的根本基础，也是他事业成功的重要因素。

有这样一位渔夫，当他钓到大鱼时，他会把鱼放回河里，只有钓到小鱼的时候才会留下。有在河边路过的人见此状况，很是疑惑，就问渔夫为

何这样。

渔夫回答说:"因为我的家里没有大锅,只有一口小锅。"

看到这个故事不禁让我们哑然失笑。可是现实生活中,我们经常可以见到一些人的做法和渔夫如出一辙,他们常固执于某种行为或处世模式,同时又对结果不满意。"没有办法""不可能"成了他们为自己所设定的障碍所找到的"合理"解释。难道真的是"不可能"吗?

其实,所谓的极限,多是自己给自己制造的藩篱而已,只要换一种思考方式,就会发现原来事情可以这么简单。

很多事情你看起来很难,想起来更难,但当你真正开始做了之后,你会发现立刻变得简单了。成功通常不是由你的能力决定的,而是你的决心。成功是靠不断地做得来的,而不是想出来的。

记得曾经看过一个关于沙丁鱼的故事,大概意思是这样的。

一个人将鱼缸中间放一片透明的玻璃,一边放上小鱼,另一边放上沙丁鱼。沙丁鱼看到小鱼,就冲过去吃,可每次都撞到玻璃上,很多次都这样,过一段时间后沙丁鱼再看见小鱼游也不冲过去吃了;过了一段时间,把中间那片玻璃拿走,小鱼和沙丁鱼完成混在一起,你会发现一个特别奇怪的现象,有好些小鱼就在沙丁鱼嘴边游,可沙丁鱼却没有任何要吃的动作。

哀莫大于心死,如果我们认为不可能,那就真的不可能了,其实世界上没有一件事是"可能"的,也没有一件事是"不可能"的,千万不要自我设限,只要行动起来,即使失败一百次,也要坚持行动,否则就真的只有死路一条了。

我们在工作的过程中会遇到这样或者那样的困难，"聪明"人往往能够看到要完成这项工作的困难程度和可能性有多大，以及是否在自己的能力极限之内，如果他们估算到这项工作超出了自己的能力极限，他们会选择逃避和退缩。

但还有一部分人好像没想那么多，他们总是毫无顾虑地迎难而上，付出自己最大的努力，甚至超过自己的极限去完成任务。

毫无疑问，敢于突破自己的能力极限，完成不可能的任务的员工恰恰是老板所喜欢的员工，他们总是能够为企业解决更多的困难，并创造辉煌的成绩。

1937年，麦当劳兄弟借钱办起第一家"汽车餐厅"，他们的服务模式很独特，定位的是服务到车、方便乘客的经营模式，也就是由餐厅服务员直接把三明治和饮料送到车上。

由于模式的新颖、服务的便捷，受到了人们的欢迎，生意做得非常好。与此同时，也给他们的经营带来了不小的竞争压力。因为他们的"汽车餐厅"很快就被人们纷纷效仿，一夜之间遍布大街小巷，这直接抢去了麦当劳兄弟的大部分生意，导致他们的经营状况越来越糟糕，使他们陷入了前所未有的困境之中。

> 当我们年老再回首的时候，最让我们难忘的是，我们曾经是怎样勇敢地战胜了困难，帮公司闯过难关，而我们也同时战胜了自己。

然而，麦当劳兄弟俩并没有退缩，而是想方设法重整旗鼓。他们摒弃了原来的经营理念，转而在"快"字上大做文章，以简单、实惠、快捷的全新经营理念吸引了千千万万顾客，麦当劳兄弟逐渐战胜了困难。

但是，他们并没有满足于现状，而是一直在向自己的能力极限发出挑战，他们敢想敢干，想出各种出奇制胜的办法，比如推出小纸盘、纸袋等一次性餐具，进行了厨房自动化和标准化的革命等。

正是由于麦当劳兄弟所具备的不断战胜困难和超越自我的决心和勇气，才使得他们把在一般人眼里已经很好或根本不可能的事，一步步地做好，使麦当劳逐渐确立了快餐业的霸主地位。

美国著名钢铁大王卡耐基在描述他心目中的优秀员工时说："我们所急需的人才，不是那些有多么高贵的血统或者多么高学历的人，而是那些有着钢铁般坚定意志，勇于向工作中的'不可能'挑战的人。"

面对人生，敢于挑战是一种激情，对现代职场人士而言，这是最宝贵的品质。对此，一位著名的职业经理人说："我觉得人生在这个社会上，人生的价值是什么？一定是人生的意义。你的意义在什么地方？每个人的价值观可能不一样，但是对于我来说希望做不同的事情，挑战不同的事情，当我挑战一些东西，就是说我在用心地观察这个世界，很多听上去仿佛离你很远很远，但是你仔细地看一下，很多东西会离你很近很近。"

我们每一个人都应该好好思考上面的这些话，并且把这句话当成自己奋斗的目标，镌刻在自己的内心深处。

"如果不给自己设定限制，那么人生中就没有不能够跨越的藩篱。"这句话虽说算不上至理名言，但也不无道理。在这个张扬个性的时代，至少我们在心理上不能给自己设限。虽会有"害怕做不到的时刻"，但也不能因此不去做。轻装上阵，尽己所能，追求更好，这才是我们应该抱有的正确心态。

任何的限制，都是从自己内心开始的。在我们每个人的生命中，都会面临许多害怕做不到的时刻，因为画地自限，使本来无限的潜能只化为了有限的成就。其实，今天的这个时代，人人都可能一鸣惊人，做出以往不会想到的成就。人生的成败主要不是素质与先天环境，而是受制于自己所持的态度。

　　如果我们要成为一个解决问题的专家，就不能惧怕问题，不能为自己的职业生涯盖上一个"瓶盖"，而要相信自己，不断挖掘自己的潜能，不要给自己设一个能力极限，勇于向不可能的任务挑战，有利于我们不断打破内心的自我限制，充分发挥出自我潜能。

　　假如你想摆脱平庸的工作状态，成为职场上的佼佼者，你在困难和问题面前就应该敢于挑战自己的能力极限，摆脱内心的恐惧和不安，去完成不可能的任务。

　　超越自己，并非只是一句随口标榜的话，更不是一时的兴奋和冲动，它需要我们从容地面对人生的磨砺，付出不懈的努力。雄鹰之所以能够搏击长空，翱翔蓝天，那是因为从小它就有超越自己的信念！

◎ 工作，不能得过且过

　　对于每个人来说，生命都是有限的，但生活却是可以被掌控的。每个人都有责任在自己有限的生命中，尽可能多地探求更多的精彩，证明自己的价值，给家庭带来最安稳的保障。

　　不过，生活中有些人总是"浑浑噩噩"地过着日子，不知道自己该做什么，也不知道能做什么，于是就放弃了努力，便让时间牵引自己生活的方向，不用去想，也不用考虑未来生活的样子。以"混口饭吃"的态度对待生活，自然也就不用奢望生活能给他带来什么丰厚的回报。他们是没有上进心的人，暂且不说这样人能否为家庭获取更多的生活保障，单纯从情感上来讲，和这样的人一起生活，也会令人感到乏味。

美好的生活需要不断地奋斗，尽管过程会很艰辛，但至少可以让生活充满期待。只想着"混口饭吃"的人，从不会树立更高的目标，没有目标的牵引，也就没有了追逐，更没有了过程中的满足与收获的幸福。他们的性格，会影响整个生活的氛围，家庭之中，对现在与未来的看法，也许会同样呈现灰暗的色彩。

激情可以燃烧一个人的生命，它可以迸发出最为绚烂的光彩，也能书写出最为美好的回忆。你如果希望自己的生命拥有更多的力量，就要寻找到属于自己的事业寄托，展现出最为蓬勃的激情，创造出最为璀璨的成就。

弗兰克·贝特是世界最杰出的销售大师之一，他的童年充满磨难。在小时候，父亲去世了，为减轻母亲负担，没念完中学他就辍学了。

在18岁时，他成了一名职业棒球手，刚进入职业棒球界，贝特遭到了有生以来最大的一次打击——他被开除了，原因是他打球无精打采。他的老板这样对他说："弗兰克，离开后，无论去哪儿，都要振作，不论生活经历什么，工作中都要有生气和热情。"这对弗兰克是一个重要的忠告，虽然代价惨重，但来得不算太迟。当弗兰克·贝特进入纽黑文队后，他决心要做一个有激情的球员。

从此，弗兰克·贝特在球场上就像一名充足电力的勇士。掷球快速有力，几乎要震落接球同伴的手套。为了赢得至关重要的一分，弗兰克·贝特会在球场上竭尽全力奔跑。第二天的报纸上这样刊登关于贝特的消息，"这个新手充满激情，并感染了我们的小伙子们，他们不但赢得了比赛，而且看来情绪比任何时候都要好！"报纸还给他起了个绰号，叫"锐气"，称弗兰克·贝特成了队里的"灵魂"。他的月薪也从25美元涨到185美元。

退出职业棒球队后，弗兰克·贝特尝试做保险推销。十个月令人沮丧的推销之后，弗兰克·贝特被卡耐基一语惊破。卡耐基这样对他说："贝特，你毫无生气的语言又怎么能使大家对你感兴趣呢？"

贝特恍然大悟，决定把自己在纽黑文队打球的激情投入到工作中来。

> 从一个人对待工作的态度中，可以看到他们未来生活的大致模样。

又是一次转变，弗兰克·贝特真正将激情融入到推销中，最终成为闻名世界的销售大师。

无精打采的生活，只会让自己虚度时光，现实又是一面镜子，因为状态的不积极，又会影响到自己生活的内容，工作不能够有效开展，甚至自己都会失去最终工作的机会。弗兰克·贝特的经历就很好地说明了这点，当自己不能有效投入到工作之中后，工作的效果就会大打折扣，庆幸的是，他及时地认识到了这点。在现实中，这样的情形对于我们的工作可以形成很好的借鉴。

充满激情地工作，迸发出更多的活力，发挥出更多的潜能，往往会收获事业的成功，他们也能发现到自己的价值。而充满激情的工作经历，对于个人来说，也是收获良好成果的基础，当自己以全部的精力投入工作之后，生活也会回报自己最为丰厚的奖励。

每个人都应该比较这两种工作的状态，并比较两种状态所产生的结果，最终慎重选择自己的态度。"积极面对"是一种态度，"浑浑噩噩"也是一种态度，你可以自由选择，但最后等待自己的结果，永远只有一个。

从一个人对待工作的态度中，可以看到他们未来生活的大致模样。积极的态度，可以换回最好的结果，过程也许艰辛，也许充满挑战，但却充实又有意义；消极的态度，过程也许"舒适"，但却会呈现生活的空洞，无所依靠，无所寄托。

张琪出生在农村，从小就有不服输的精神，学习非常刻苦，终于考上北京一所名牌大学。张琪毕业后，进入了一家大企业工作，但是职位非常低。

一年过去了，张琪虽然表现出色，但业务水平并没有多大起色，薪水原地踏步。其实张琪发现公司在某些方面存在问题，正是这些问题影响公司发展，他很想给上司提出建议，但限于环境影响，朋友大多劝说他不要做出头鸟，张琪最终放弃了这个想法。

接下来的日子，张琪依旧努力工作，倒也顺利。不久，他发现和自己一起进公司的一位同事突然被破格提拔，他感到奇怪，后来才明白，原来那位同事向领导提出公司的问题和改进建议，而内容和自己所想一模一样。本该属于自己的机会拱手让给别人，张琪感到非常后悔。

伟大的事业不会垂青"得过且过"的人。在工作上有所作为的人，都需要对待工作有一心一意、意志坚定、不畏艰苦、充满热忱的激情。

一位想创作一幅名作的画家，如果他拿笔都心不在焉，画画时有气无力，东涂西抹，那么他的画怎么能够经久传世；对一位想写一首名垂千古的好诗的诗人，需要他对生活有无限的热爱和情感的累积，一位哲人说，想把问题思考到最完美的境地，就非得有深邃的目光和充分的热诚。史达温斯基也许并不比其他的音乐人在天分上高出多少,他的成功只是源于他的一份专注,才让他的作品呈现不同于他人的平庸,这才获得对人们生活更广泛的影响。

对于普通人来说,不能都有这样令人骄傲的成绩,但学习并拥有这份态度,才可以让自己的生活带来更多的收获与满足。因此,不要只想着混口饭吃就行,转变自己消极怠日的观念,让自己变得积极向上起来,才能创造出精彩的人生。

◎ 要善于发现并解决别人绕开的问题

趋利避害是人的本性,谁都不愿意给自己找麻烦。可是总会有那么一小部分人,当遇到别人不愿意做的事情时,自己却主动承担起来。有人对于这种举动不屑一顾,甚至嗤之以鼻地说一句"狗拿耗子多管闲事",或者冷嘲热讽地说"爱做出头鸟的人还真不少啊"等风凉话。

我们要知道,困难就像是人的影子,在人一生的成长轨迹中,总会遇到一些困难,出现一些问题,但是做人首先要做一个勇敢的人,无论在生活中还是职场中,都要去做一个"勇者不惧"的人,要学会在困难面前前行,在他人逃避或者拒绝的问题面前主动承担。这才是一个成功者应该具备的素质。

事实上,当我们主动、积极地去解决别人绕开的问题时,我们就会获得比别人更多的思考、锻炼和提高机会,才能有更大的进步,获得比别人更多的成功。

可是，生活中，并不是每个人都有好的心态，好的价值观念，这也就决定了有的人可以一步一步提升，平步青云，而有的人只能原地踏步，甚至倒退，造成这两个结果的原因其实很简单，就是前进的人用的力更多一些，而后退的人更懒惰一些。用力的人更努力、更勇敢地前进，哪怕面对风雨，也没有停止前进的脚步，面对问题，他选择的是战胜；而懒惰的人就不一样了，他们一遇到难题就逃开，害怕去面对难题，害怕付出，不愿努力，他们只是慵慵懒懒地等待着别人去解决问题，只是坐享其成或是在别人成功了以后泛出妒意的目光，或讽刺地说那是他们的幸运。这类人不去努力只想要收获，注定是不会取得成就的。

无论你是一个什么性格的人，是天生就有很强的志向和抱负，还是比较安逸满足，无论在什么情况下，都应该去做一个内心拥有责任感，勇于承担的人，凡事多为他人、为集体着想，并且要做一个敢于担当、积极主动的人。当你面前出现问题时，你要做的就是去战胜它、克服它，要想自己走得更远，有更多的进步和提高，就要努力把握机会并善于发现机会，在有些人眼里，一个困难就是一个危机，而在另一些人眼里，困难就是一个机会。善于发现问题并解决问题的人总是会得到比其他人更多的机会，当然也会得到更多的收获。

通用电气公司董事长兼首席执行官杰克·韦尔奇有一句名言："要么奉献，要么滚蛋。"他的工作作风是："在其位，谋其政，不要找任何借口说自

> 如果你想获得更多的机会，就去做一个善于发现问题并解决问题的人，包括别人不去解决或解决不了的问题。这会助你走向更大的成功。

己不能够，办不到。"他自己如此，他也要求他的下属要这样做，不能因干不好工作而找理由推脱责任、逃避问题。

　　一次，一个员工为了一件极难办的事找他，说自己尽力了，并说出许多客观理由，最后说无论怎样，这件事都"办不到"。杰克·韦尔奇知道这个下属就是怕得罪人，牺牲自己的利益，就在他犹豫要不要换其他人去做这件事时，一位很年轻的员工来找他，主动要求办这件难办的差事，杰克·韦尔奇对这位员工的行为很是钦佩，因为这件事的确不是那么好办。杰克·韦尔奇把这个任务交给了这个年轻人，但是他也暗暗为这个年轻人担心，但是他还是鼓励了他："只要足够用心，任何困难都是可以解决的，相信你会做得很好！"

　　果然，这位年轻的员工并没有令杰克·韦尔奇失望，不仅把问题解决完了为公司留住了一位大客户，还直接签回了一单大生意，杰克·韦尔奇很是高兴，从此他再也没有忽视这个年轻人，而这个年轻人就是后来接替杰克·韦尔奇担任通用公司董事长兼首席执行官的杰夫·伊梅尔特。

　　一个人对待问题的态度直接反映了他的敬业精神和道德品行，当然，也可以反映出他能成就怎样的事业。

　　如果你想获得更多的机会，就去做一个善于发现问题并解决问题的人，包括别人不去解决或望而却步解决不了的问题，你都要主动去解决，在这个解决的过程中，你获得了思想和经验、提高了技术和能力，并且锻炼了自己的心理素质；而在问题解决之后，你获得的除了直接的结果外，还会获得老板的赏识和同事的赞赏，而这会成为你事业上一种无形的推动力，助你走向更大的成功。

◎ 要有适时认输的勇气

人生总有输赢，但没有人愿意认输。人们总觉得，向对手认输，就意味着自己不如对方；向命运认输，就意味着自己要放弃自己坚持的目标与方向。是对个人的否定和生活目标的放弃，所以很多人"毅然"坚持自己的观点和认识，绝不做出任何妥协。

可是，在生活中，有些时候我们不得不认输。如果对方实力确实在自己之上，那这就是"坚持"也改变不了的事实，一份"坦然"地接受之后，自身情绪得以轻松。如果目标确实有不合于环境的情况出现，我们何不承认自己的不足，进行一番调整后，也许前方的路途才得以顺利延展。

输不起的人，会因为自己得不到认可而放弃、会因为自己的认识要发生改变而懊恼，因为自己在"面子"上过不去而逃避，所以他们不能放下，他们"挺"直了腰杆，不向命运认"输"。他们不认输，命运也不会向他们低头，而生活显然要比个人强大很多，所失去的只是自己更好的发展机会。

那些能够勇于认输的人，可以暂时放下自己的荣誉，及时调整自己的方向，累积了必要的智慧经验，而他们的性格也变得更沉稳。一次失败的经历，可以转变成一种生活的历练。懂得认输，并且不被"输"打败的人，会给人更多的安全感。因为这样的人有更多的承担，他能舍弃一时的自我，他的性格更为成熟。

美国股票大王贺希哈有这样一句话，为大家所熟知，"不要问我能赢

> 每个人都会经历失败，能学会站立，才是在这个世界生存的最好法则。

多少，而要问我能输得起多少。"

在他17岁的时候，贺希哈开始创业。第一次赚钱的时候，也是他第一次获取教训的时候。当时，贺希哈全部家当只有255美元，他在证券场外做了一名掮客，不到一年，就发了财，赚取了16.8万美元。他为自己买了第一套像样的衣服，并在长岛买了一幢房子。第一次世界大战休战期到来，他用大减价的价格买下了隆雷卡瓦那钢铁公司，但却受骗，身上只剩下了4000美元。

这一次，贺希哈得到了一个深刻的教训："除非了解内情，并有充分自信，否则，绝不要去买大减价的东西。"

贺希哈并没有被失败打倒，而是在承认自己失败以后，又开足马力继续干了起来。贺希哈放弃了证券的场外交易，去做当时未被列入证券交易所买卖的股票生意。开始时，贺希哈和别人合资经营，一年后，拥有足够资本，开设自己独立的贺希哈证券公司。再后来，他成为那些股票掮客的经纪人，每个月收入可以达到20万美元。

1936年，是贺希哈最冒险也是最赚钱的一年。在安大略湖的北方，早在"淘金潮"的年代，有一个叫道格拉斯·雷德的地质学家，是贺希哈的朋友，他知道贺希哈是个思维敏捷的人，就把这件事告诉了贺希哈。贺希哈听了以后，拿出了2.5万美元做试采计划。不到几个月，黄金就挖到了——仅离原来的矿坑25英尺。这座金矿，每年能够给贺希哈带来250万美元的净利润。

贺希哈能够成就大事，就在于他敢于承认自己的失败，将自己的心态放低之后，才能积聚自己全部的力量，然后去跳跃足够的高度。人需要百折不挠的意志和面对困难的勇气，但奋斗的内涵并不仅仅是英雄的永不言败，还包括了修正目标、调校自己方位的内容。

在一条死胡同走到底的人，恐怕只能成为末路英雄，死不认输的性格只会毁掉自己的前程。如果连自己的虚荣心都战胜不了，又怎么可能成为真正的强者？困境每个人都会经历，只有能够从中站起的人，才是真正的英雄。

每个人都会经历失败，能学会站立，才是在这个世界生存的最好法则。对于家庭而言，因为他们阅历的丰富，可以看到生活中更多的机遇，也会回避更多的风险，因为他们的大度与包容，也可以让一个家庭中，充满更多的温馨，在这样有担当的人的保护之下，一个家庭必然可以获得更多的幸福。

巴尔扎克曾梦想着做一名成功的商人。他开过印刷所，也做过其他生意，尽管他头脑灵活，总有许多不错的经营策略，但无奈执行力弱，并且时运多舛，屡屡受挫。

在事实面前，他只得服输，明白自己已经无法"东山再起"，最终只能放弃自己所坚持的目标，不得不捡起被自己冷落已久的笔，重操写作旧业。

如果不是巴尔扎克及时从商海中"回头是岸"，恐怕我们也就无缘得以目睹后来的文学巨著《人间喜剧》了！

生活，有时候需要重新寻找方向。没有人天生就知道自己未来的方向，就能规划好所有未来的生活，人们总是在不断探求之中，才能走出未来的道路。而一次失败的经历，也许就是认识自己和调整自己的最好机会，如果巴尔扎克经商成功的话，也许我们就不会看到这样一个伟大的作家，我们更不会读到《人间喜剧》这本巨著了。这是巴尔扎克的命运,而关于自己的命运,恐怕只有自己摸索与调整中才能渐渐清晰。

适时认输,是对自身实力的保存。美国一位拳王说过,任何一个拳手都不可能打败所有的对手,在恰当的回合认输,却可以使他赢得更多的胜利。及早认输,下次还有赢的机会,如果只是逞能,让对手把你打死,或是把你拖垮,最终自己连输的机会也都没有了!

第三章 如果不是遭逢变故，人生不会因此不同

世事无绝对。我们所经历的任何事情，所遭受的任何磨难，实际上都有两面性。如果我们报之以绝望，那么我们就真的会面临绝望的境地；如果我们报之以希望，那么我们就会感受到希望。因此，当我们感到悲伤绝望时，一定要将这一不良情绪掐灭在萌芽状态，让希望之光照亮自己的前行之路，帮自己找到的方向。

◎ 在不幸中寻找希望

在不幸面前，很多人会万念俱灰，终日以泪洗面，看不到未来，看不到希望。而有的人面对常人难以承受的痛苦和不幸，不但不会落寞伤怀，反而让自己更加顽强和坚韧，从而释放更大的能量战胜不幸，重新踏上实现梦想的旅程。

我们先来分享一个经典的小故事。

一天，一头驴子在农田里溜达，一不小心掉到一口枯井里头。

虽然这口井并不深，但它的口正好卡住了驴子，让它无法大幅度动弹

身体。不过，求生的欲望使驴子拼命挣扎。只是遗憾的是，这一切都无济于事，驴子只好在井里凄惨地叫着。

驴子长时间的丢失，让它的主人——农夫着急了。农夫千寻万找，终于在深井里发现了驴子。

见状，农夫也万般无奈，他在井口边走来走去，急得团团转，不知道怎样才能救出驴子。

农夫只好找邻居们帮忙，大家先是用绳子拉，然后用木棍抬，但折腾了大半天也无济于事。无奈之下，农夫打算放弃了，他想这头驴子年纪也大了，不值得自己大费周折把它救出来。为了避免别的牲畜掉进去，还是将这口井给填埋了吧。

于是，大伙又开始挖土填井。然而，就在大家你一铁锹土，我一铁锹土地往井里填的时候，驴子仿佛意识到会有什么情况发生了，于是它痛苦地哀号着。但是，不一会儿，驴子居然安静下来了，这让大伙很是不解。好长时间都没见驴子有动静，大家以为驴子八成是已经昏厥过去了。有好奇的人禁不住趴在井口看，这下不得了，眼前的情景让他惊讶不已。

原来，面对着上面如注的泥土，驴子下意识地抖动了身体，它低头一看，蓦然间看到了生还的希望。泥土不停地朝它身上倾泻，它则不停地抖动身体，将那原本要淹没自己的泥土踩到脚下，成为不断垫高身体的地基。

见此情景，农夫别提有多高兴了，于是他号召大伙加快了往井里填土的速度。就这样，没过多久，驴子竟把自己升到了井口，跟着农夫回家去了。

看了这个故事，我们也不禁为这头驴子叫好，它是如此地机智，如此地幸运。我们是不是更该深入地考虑一下，我们的人生之路其实和驴子也没什么大的不同，我们同样会遭遇不幸，难免会陷入"枯井"中。即便在这样的境况下，我们也不必万念俱灰，而应该静下心、低下头寻找出路，发现希望。

想想看，如若我们彻底绝望了，自然就会放弃努力，一旦掉入"枯井"，我们便无法脱身，只得被土一层层地填埋。相反，如果我们能够在不幸中看到希望，乐观豁达地面对一切，那么就有可能将掉落到身上的泥土转变为帮助我们脱离困境的垫脚石。这样，我们的心也就被这束希望的火光点亮了。

记得中国台湾画家几米在其著作《希望井》里说的："摔落深井，我开始大声地疾呼，等待救援……天黑了，我黯然低头，才猛然发现水面满是闪烁的星光。我在最深的绝望里，遇见最美丽的惊喜。"

和在职场中辛苦打拼的大多数人一样，乔乔也时常会遇到不开心的事，但不管什么时候，她展现在外的始终是一种积极向上的精神风貌，从来不会因为工作中的不愉快而让自己的心情阴霾重重。

那到底是什么灵丹妙药让乔乔如此有活力呢？乔乔的答案就是：用希望看待一切！

不久前，乔乔百般努力终于做出来的一个策划案被上司否决了，而且因为着实不对上司胃口，人家一气之下把乔乔给辞退了。

面临突然失去工作的打击，换作一般人估计会沮丧不已，一蹶不振了，但乔乔却没这样，睡了一觉，第二天一早她就笑容满面地投入到找寻工作的努力中去了。

> 虽然不幸难免，但只要我们在它面前挺直身体，静心前行，终会找到出路，看到希望。

当好友问起她怎么做到的时候，乔乔回答道："突然失去工作，对谁来讲都是一个不小的打击，我当然也不例外，其实当时的那一刻，我也是很迷茫的。但是，等我回家后，我看到像往常一样为我做好饭菜的丈夫，和快乐嬉戏的女儿，那短暂的迷茫瞬间消失了。因为我还有他们，我还有希望。"

乔乔的乐观让人钦佩，其实这也是一种生活的智慧。因为每个人的生命过程中，都不会只是阳光明媚，很多时候它都充满了灰暗的色彩。这时候，如果我们低头，就会被这黑暗打垮，相反，如果我们转变想法，把灰暗看作一种美丽的色彩来欣赏，那么它也就不那么"难看"了。更何况，透过黑暗，我们便会发现阳光，其实，它一直照耀着我们。

所以，当面临不如意，身处重压下的时候，我们不必垂头丧气，更不要轻易放弃，潇洒地转身，或许就卸掉困顿中种种沉重。只要能够让内心充满阳光，那么不管是失利还是得意，我们都能找到前行路途的方向，一步一步向理想的彼岸靠近。

◎ 面对挫折与考验，要永不退缩

很多时候，即便我们尽了百分之百的努力，结果却不尽如人意。

当遭遇这种情况，多数人会感到委屈，觉得上天不公。殊不知，上天不会把所有的幸运全都赐予某个人，也不会把所有的不幸降临到某个人身上。既然如此，我们何不试着把委屈这口不太好吃的饭咽下去，然后重整旗鼓，重新踏上寻找梦想的旅程？说不定，上天只是在一次又一次地考验我们的耐力，为了让我们拥有更大的成就而摆出这些"乌龙"呢。

想必没有人不知道"肯德基"，但对于它的创办者桑德斯上校熟知的或许就比较少见了。作为被全世界年轻人追逐的连锁店，桑德斯上校在生前可谓是风光无限。但是，你或许并不知道，桑德斯上校开创自己这项事业的时候已经是年逾花甲的65岁高龄的老者了。而在此之前，他不过是一个经历过无数次挫折、无数次拒绝的无名小辈。

六十出头的时候，穷得叮当响的桑德斯只得向国会申请救济金以维持生活。可是救济金却只有可怜巴巴的105美元，这让他依然感到沮丧、窝囊。

为了摆脱贫困，桑德斯开始琢磨挣钱的方法。

一天，他忽然想到自己还有一门手艺：炸鸡。这门手艺是从自己的母亲那里学来的，而母亲的手艺却是家传的。于是，桑德斯想通过向饭店出售炸鸡秘方的方式来赚一些钱。但很快他又考虑到：即使把这份秘方卖掉也赚不了多少钱，可能连房租钱都赚不来。

同时，桑德斯又琢磨：这份秘方肯定能为饭店招揽来不少顾客，那么，我能不能让饭店按盈利情况给我抽取提成呢？

就当时的情况看，桑德斯的这个主意还真是够大胆的，他说到做到，一家挨着一家地去敲饭店的门，对每一家饭店他都说："我有一份非常好的炸鸡秘方，如果您能使用，生意一定会蒸蒸日上，而我希望从增加的营业额里抽提成。"

当时人们哪里听过这样的方式，于是很多人都嘲笑桑德斯，不少人甚至当面奚落他说："老家伙，你还是安分点吧，你若是有那么好的秘方，你干吗还穿着这么可笑的邋遢服装？"

这种话着实难听，但是桑德斯并没有因此打退堂鼓，他觉得与其为前一家饭店的拒绝而懊恼，不如把所有的精力都集中在一家餐馆，用更有效的方法努力地去说服对方。桑德斯坚信，只要自己不放弃，就一定能找到一家乐于用他的炸鸡秘方的饭店。

时光如箭，很快两年的时间过去了，在这两年中，桑德斯上校驾着他那辆又旧又破的老爷车，足迹遍及美国每一个角落。苦心人天不负，终于有一家饭店使用了那份秘方，并答应桑德斯上校抽取提成。后来有人做过统计，在桑德斯两年的找饭店的生涯中，他被拒绝的次数超过了1000次。

被拒绝1000次，这是多么让人惊讶的数字。想想我们，哪怕被人家拒绝一次、两次，脸上都够挂不住的，心里也够承受不了的，而人家桑德斯，居然被拒绝了1000次之多，关键的是，他居然成功了！

毫无疑问，任何一个人的成功都是有原因的，桑德斯上校之所以会成功就是他有屡败屡战的决心，不能成功，他便绝不罢手。

跟桑德斯上校一样，不轻易对命运妥协的人还有美国第16任总统林肯。从失业到当选为美国总统，28年来，林肯遭遇了一次又一次的拒绝，但他始终没有放弃希望。

> 谁都要遇到这样或者那样的挫折，有时候挫折还是接二连三向我们走来的，但我们不能因为一时的挫折就放弃对成功的追求。

林肯少年丧母，从小就从事劳动，放过牛，种过地，和父亲一起拉过车。

逐渐长大后，林肯又做过很多普普通通的工作，他当过店工、邮递员、测量员。

在贫穷的出身和痛苦的生活面前，林肯不但没有退却、萎缩，而且能够顽强拼搏，勇于进取。

1832年，林肯失业了。由于失去了生活的保障，林肯感到很难过。但是他想起自己要当政治家的梦想，又重新振作起来。然而糟糕的是，他竞选州议员失败了。

接着，林肯着手开办企业，可是才几个月的工夫，企业又倒闭了。此后的十多年时间里，林肯只得为偿还企业所欠的债务而辛苦奔波，饱经磨难。

随后，林肯又参加州议员的竞选，很幸运，这次他成功了。

可是命运似乎总要和他开玩笑，就在一切顺利进行的时候，他马上要结婚的未婚妻却不幸逝世。受到了如此巨大的打击，林肯患上了精神衰弱症。

1838年，林肯觉得身体已经恢复，于是决定竞选州议会议长，可是落选了。时隔5年，他又竞选美国国会议员，仍然没有成功。

但是林肯还是没有放弃。1846年，他又一次参加竞选国会议员，这一次，他当选了。

之后，又经过起起落落几番遭遇，最终到1861年，林肯终于当选为美国第16任总统。

可以说，林肯的成功主要取决于他面临困难不退缩的坚韧不拔的精神。林肯曾说过："此路艰辛而泥泞，我一只脚滑了一下，另一只脚因而站不稳。但我缓口气，告诉自己，这不过是滑一跤，并不是死去而爬不起来。"的确，在任何困难面前都选择坚强，在跌倒无数次后，还能重新爬起来的人,就能登上成功者的宝座,摘取胜利的桂冠。

显然,不管是桑德斯,还是林肯,抑或其他大器晚成者,他们都能在经历一次又一次打击后,继续自己的追求。在他们那里,失败并非是绝望的代名词,而是一步又一步的新台阶,当踏过这些阶梯之后,他们便开启了另一扇门,这扇门上有一个光鲜亮丽的名字——成功!

◎ 无所"畏",便能在绝境处逢生

西方一位思想家曾说:"如果你充满勇气前进,全世界都会为你让路。"换句话说,在无畏者的心中,人生没有真正的绝境。

一本描写第二次世界大战的相关书籍中,记载了这样一个故事。

第二次世界大战结束后,在德国的土地上到处是一片废墟。一位叫波普诺的美国社会学家带着几名随行人员到实地考察。到达德国后,他们看到有很多德国居民住在地下室里。

而后,波普诺就向随从人员问了一个问题:"你们看,像这样的民族还能振兴起来吗?"

"这个恐怕很难说。"一名随从随口答道。

而波普诺却说:"他们肯定能!"

看到波普诺如此坚定,随从人员不解地问:"为什么呢?"

波普诺看了看他们,又问:"你们到了每一户人家的时候,看到了他们桌上都放了什么?"

随从人员异口同声地说:"一盆鲜花。"

"那就对了!任何一个民族,处在这样的境地还没有忘记鲜花,还仍然怀有希望,那就一定能在废墟上重建家园!"

的确,即使在残酷的战争之后的废墟上,还愿意用鲜花来装点生活的人们,心里该是怀着多么美好的希望呀。

其实,这其中也寓意着,他们能够将废墟变成美丽家园,因为他们心中从未绝望。

看到这里,你也许会问:这样说,我们岂不是要歌颂绝望吗?其实不然,真正需要歌颂的,是面对困境时,那份勇往直前的魄力和那颗全力以赴的心。如果没有这两样东西,那么即使一个小挫折也会成为绝境。相应地,如果有了这两样东西,那么再大的挫折也算不了什么。

现实生活中,很多人喜欢把某种不好的结果归结于命运的安排,上帝的造化,认为自己的失败是命中注定的。可往往越是这样想,就越容易失败。那么,我们应该怎么做呢?正确的做法是,不要依赖命运,而应该努力做命运的主宰,在那些看起来不可战胜的沟沟坎坎面前,鼓起勇气,运用智慧,一点点地将其击败。

在一个寒冷的冬季的一天,海上狂风大作,在海风的威力下,一户渔民的渔船被打翻了,渔夫也被海风吹得患了重感冒。

一家四口人一下子失去了经济来源,债主恰恰又在此时找上门,原本日子就过得紧巴巴的渔

> 如果在冬天的时候就放弃,那么我们就会错过生命中春天的期待,夏天的斑斓,秋天的收获。

夫一家一下子陷入了困境……

就在渔夫和他的妻子苦苦哀求债主再通融几天时，他们家那位年仅15岁的儿子一个人走出了家门。临出门前，他自己煮了一碗姜汤喝了下去。他去干什么呢？原来，他是去最熟悉的海边。来到海边，少年咬了咬牙，然后将身上的衣服脱掉，将两只鱼篓挑在肩上，整个人冲进了大海。

冰冷的海水，刺骨的寒风霎时间袭击着他单薄的身体，没有人知道这个少年的意图。但是，少年心中却清楚得很，他知道自己的家正陷在艰难中，父母也几近绝望，他想要捕很多的鱼，想要靠这些鱼让家里的情况好起来。

可是，由于渔船和渔网都没有了，他就想出来一个新的捕鱼的办法。

果然，鱼儿们开始成群结队地向少年身边靠拢，有的钻进他的腋窝处，有的聚拢在他的腿弯里，还有的朝他呼气的嘴巴游过来。这位少年用腿部的力量游走海里，而他的两只手却不停地在水下忙活着，居然轻而易举地便将一种名叫尖尖鱼的鱼装进了鱼篓。

原来，这些尖尖鱼有这样一个特性，每当寒潮来时，它们就会有很强的趋热性。这位少年正是运用了这一点，他凭借自己温热的身体作为诱饵，将大量的尖尖鱼吸引了过来，成为他的囊中之物。

可以说，这位少年不仅聪慧，而且还非常坚强。面对冰冷的海水，他没有犹豫，只为了心中那份可以让日子继续下去的信念。他付出了体力上的代价，将鱼捕回，同时也把自己深陷困境的家庭从绝望的边缘挽救了回来。

看完这个故事，如果你还是无法体会这篇文章的主旨，或者还不够深刻，那么请你想想自己所熟悉的人和事例，比如跨栏冠军刘翔。

自从 2004 年在雅典奥运会上夺冠后，刘翔就一直成为亿万中国人关注的目标。4 年后的 2008 年北京奥运会开始后，人们的目光又纷纷聚集到刘翔身上，希望他再创辉煌战绩。然而，让人们深感遗憾的是，比赛当天，在预备的枪声就要响起时，刘翔却因为脚伤黯然退出了比赛。

一时间，有人不解，有人心疼，有人觉得曾经的"飞人"不复存在，认为刘翔进入了绝境之中。

但值得所有中国人庆幸的是，在失利面前，刘翔没有沮丧，他积极接受治疗，积极恢复，在腿伤初愈后又开始刻苦训练，最终重新回到了赛场上，继续他的飞人传奇。应该说，刘翔用它的亲身经历告诉我们，只要无所畏惧，人生是没有真正的绝境的；只要我们全力以赴，任何的困难都可以被打倒，一切都可以重新来过。

"时间顺流而下，生活逆水行舟"，这句人生的格言是在告诉我们：人生正如一片逆行的大海，一旦放松警惕，我们就可能被一个浪头打翻。但是，当风浪来袭，如果我们紧握船桨，勇往直前，那么就能够安然度过，重新迎来风平浪静的海面。

◎ 面对他人攻击，以退为进为妙

奔波于忙碌的工作和生活，就免不了要和周围的人们打交道。而打交道的过程中，有和谐，也有摩擦，甚至有时候还会遭受别人语言的攻击。

在面对他人攻击的时候，有人认为该以牙还牙地还回去，而有的人却能做到不去辩解，只是后退一步，以退为进。

到底哪一种做法对自己更有利呢？我们先来看一个案例。

在汉武帝时期，有一名叫汲黯的大臣。当朝大臣中，还有一位名叫公孙弘的人。

一天，汲黯向汉武帝告了公孙弘一状，大肆指责他的行为。汉武帝听闻，便质问公孙弘。以公孙弘的口舌之功，把自己解脱出来实在是小菜一碟，但是他并没有这样做，而是采取了以退为进的巧妙策略。

原来，由于公孙弘居于高位，拿着不菲的俸禄，而他和自己家人的生活却十分简朴，每顿饭只有一个荤菜，睡觉只盖一床粗布薄被。

对于这种造作的样子，汲黯很是看不惯，于是就向汉武帝参了他一本，指责他位列三公，有相当可观的俸禄，却吃住如此寒酸，简直是明摆着骗人，想以这种所谓的简朴来换取清廉的美名而已。

听了汲黯的话，汉武帝问公孙弘："汲黯说的都是事实吗？"

公孙弘平静地回答："汲黯说的是事实。不过，每个人做事都有自己的原则和标准，就如晏婴为齐国之相时，一顿饭从不吃两种以上的肉菜，妻妾也从不穿丝织品，而管仲为齐国之相时，有三归之台，奢侈豪华超出了一般国君。不过，不管怎么说，我身为三公而盖布被，实在是有损汉官威仪。汲黯对我的指责很对，他真是个大忠臣，如果不是汲黯忠心耿耿，陛下您哪能听到对我的批评呢？"

这一席话，非但没让汉武帝觉得公孙弘矫情和做作，反而越发地认为他谦恭礼让，对他更加尊重了。几年之后，公孙弘被任命为宰相，并被封为平寿侯。

不得不说，公孙弘在遭受攻击的时候，展现出来的的确是大智慧。或许在一般人看来，面对汲黯的指责和汉武帝的询问，公孙弘一句也不为自己辩解，实在是有点破罐子破摔的意味，而事实上，这是一种极其睿智的应对策略。

因为聪明的公孙弘很清楚，汲黯对自己所采取的"使诈以沽名钓誉"的指责根本无法用事实去反驳，如果反驳的话，只能越描越黑。既然说不清楚，索性就不说好了。不过，他在汉武帝面前承认汲黯所说属实时，也为自己留了后路，就是借晏婴和管仲的对比来暗示每个人都有自己的一套做事原则。这样，不管皇帝怎么看，他都可以把自己"择"出来了。

公孙弘还有一大高明之处，他把汲黯对自己的指责赞为"忠心耿耿"，这样，既让汉武帝对他产生"谦恭礼让"的良好印象，又会让汲黯知道后淡化与他之间的芥蒂。

看完公孙弘，再看看我们自己的生活，其实我们难免也会受到他人的突然指责，尤其是工作当中直接"管辖"我们的顶头上司。当上司说出我们的不是时，我们首先要做的，不是反驳，而是冷静下来，分析一下事情的来龙去脉。

假如是一些无伤大雅的小事，那么我们乖乖点头承认便是。如果是大的"罪名"，我们也不必闹得天翻地覆，同样要冷静下来，看看到底是不是自己的不是，错在哪里，怎么改正。一般情况下，上司是不会平白无故找下属麻烦的，既然人家指出来了，我们就是有某些做得欠妥的地方，所以，还有反驳的理由吗？

> 正确的做法是，遭受攻击时，不要去强辩，而要学会隐忍，这是一种以退为进的进攻方式！

在某金融公司工作的小王，一向勤勤恳恳，可有一天他却被经理气冲冲地叫进了办公室。不一会儿,和经理的办公室一墙之隔的同事们就听到了经理办公室传来气急败坏的责骂声。同事们都为小王捏了一把汗,大家继续竖起耳朵听着。

几分钟过后,责骂声没有了,此时小王的声音传了出来。同事们依然困惑,不知道小王"是死是活"。

令大家大吃一惊的是,不久后,小王面带微笑地从经理办公室走了出来,而经理却垂头丧气地跑到走廊吸烟区去抽烟。

同事们小声地询问小王到底怎么回事,只见小王把声音压低,然后笑嘻嘻地说:"经理嫌我前段时间工作做得不好,我就点头承认呗。我就工作中所产生错误的每个细节部分都向经理道歉了,咱是新人,哪能不犯错误啊。我还跟经理说,自己工作不认真啊,资历不够啊,没想到,我的'自我检讨'还没说完,经理就不让我说了,叫我回来。"

看得出,小王的经理原本是想训斥他一番的,但没想到,他还没怎么训斥,小王就自己检讨个不停了,这样一来,也就没有必要再训斥了。

我们也会和小王一样,说不定什么时候遭到上司的训斥,这时候,我们不妨学学小王,这种以退为进的做法不仅能够帮助我们免受折磨,还能让我们取得进步。何乐而不为呢?

◎ 历经苦难,才能百炼成钢

一想到苦难,年轻人的心头常会为之一振:天哪!千万别让我深陷苦难之中啊!

谁都知道，经历苦难是件十分痛苦的事。但或许只有少数人懂得，只有经历这种焚烧之苦，才能百炼成钢。

焚烧？太痛苦了吧！

没错，焚烧的确不易承受，但是如果不想让命运把自己抛弃，就得通过这样的过程让自己脱胎换骨。

有世界声誉的现实主义艺术大师屠格涅夫曾经说过："你想成为幸福的人吗？那么，请先学会吃苦。"显然，他老人家所指的"苦"即是我们人生中的苦难和挫折，而"吃"就是要面对苦难和挫折。实际上，作为一个生命降临到这个世界上，每个人都是要吃苦的。从小我们就从师长那里得到这样的训诫：吃得苦中苦，方为人上人。

古往今来，流传下来很多关于吃苦的故事，其中头悬梁和锥刺股就是颇具代表性的吃苦事例。

不管是头悬梁的孙敬，还是锥刺股的苏秦，他们小时候都是再平凡不过的孩子，但是他们有一点和别人不一样，那就是肯吃苦。正是这股子肯吃苦的精神和毅力，让他们的学识突飞猛进。此二人终成饱学之士，闻名于世，受到世人的敬仰。

人类如此，动物界亦然。或许我们人类总是认为自己的聪明程度高于动物，殊不知，动物的一些生存智慧也是值得我们人类去学习的。

生下自己的孩子后，长颈鹿的妈妈不会像其他动物那样，立即舔净孩子身上的羊水或其他东西，而是低下头来，仔细观察，弄清楚孩子掉落的位置。然后，长颈鹿妈妈会做出一件让人难以理解的动作，就是抬起腿来踢向孩子，让刚刚出生的小鹿翻个跟头，仰面朝天。如果小鹿不立刻站起来，它们的妈妈就会一直重复这个动作，直到它们站起来为止。

为了避免遭受妈妈的踢打，小鹿们会努力地站起来，但由于刚刚离开母体那个温暖而熟悉的地方，他们的身体还很虚弱，对这个世界也很陌生，但它们的妈妈并没有因此而对它们宽容。

　　长颈鹿妈妈为何如此残忍呢？动物学家们的解释是，原因在于它深爱自己的孩子，它要让小长颈鹿品尝苦的滋味，只有这样，当处于危机四伏的荒野中，自己的孩子才能迅速摆脱困境，免受狮子、猎豹、土狼等食肉动物的侵袭。

　　事实上，长颈鹿妈妈的残酷行为，恰恰是对孩子的保护，如果它不"残忍"，它的孩子就不能很快地站起来，如果站不起来，那么等待它的就可能是灭顶之灾。

　　以上片段是《动物园观察》中的一段描绘，它旨在告诉人们，能吃苦才能享受甘甜，不能吃苦就会在苦难来临时消亡。动物界如此，自然界也是如此。

　　有两个在一座寺庙里的和尚受师父之命，去离寺庙较远的戈壁滩上植树。和尚甲对小树照料得很细心，不辞辛苦地定时定量给小树浇水、施肥；而和尚乙对待小树却大大咧咧，远没有和尚甲那么细心周到，他只是隔三岔五地去给小树浇水、施肥。

　　好在两棵小树都长得很好，郁郁葱葱，枝繁叶茂。

　　一天夜里，忽然刮起了大风，整个戈壁滩都被大风席卷了。第二天一早，风停了，再看

> 生命中的痛楚是必经的过程，如果看不透、放不下，人生就成了无止境的煎熬；相反，看开了，明白了，人生才如雨后初霁，天高海阔。

两人栽的小树,居然有了明显的差别:和尚甲种的小树被大风连根拔起倒在地上,和尚乙栽的小树则依然挺拔地竖立在戈壁滩上,只是被风刮断了几枝小树枝。

这个故事告诉我们,被照顾得细致入微的小树,由于轻易就会得到水分和肥料,就不必费力地扎根到深处,而被照顾得"不够好"的小树,不得不努力把根扎牢、扎稳,去寻找足够的水分和肥料。

其实,苦难就好比一颗外苦而内甜的果实,刚刚品尝的时候,我们感受到的只有苦涩,而当慢慢咀嚼下去,我们就会感受到甘甜。因此,当我们遭受苦难,不要哀叹命运不公,不要自暴自弃,而要告诉自己,只要把苦头吃尽,那么甘甜自然会到来。

事实上,一个人只有能吃苦,肯吃苦,才能在社会竞争中占据优势。不是有这样一副对联吗:有志者,事竟成,破釜沉舟,百二秦关终属楚;苦心人,天不负,卧薪尝胆,三千越甲可吞吴。由此可见,当我们成长为一个不怕吃苦的人的时候,在我们面前就没有做不成的事,就没有过不去的坎儿。

◎ 过去的苦难,终究成为历史

对于有的人来说,经历过的苦难是振作自己重新寻觅方向的力量,而对于有的人来说,则是令其心有余悸的"魔鬼",每当提及或者想起来,就感到沉重无比。

著名剧作家萧伯纳这样说过:"对于害怕危险的人,这个世界上总是危险的。"而对于曾经的困难始终无法忘怀,总是心有余悸的人,再经历苦难是不堪设想的事情,因此他们也就容易畏缩不前,生命本身也就越来越脆弱,以至于最后步履维艰,难以向前迈进。

其实,那些曾经的苦难就像纸糊的老虎,表面上看起来吓人,实际上一捅就破,没什么真本事。过去的事情,不管是好是坏,是顺利还是坎坷,都不会再对我们的生活造成实质性的影响,很多人之所以受其影响,只不过是心里作怪罢了。

从这个角度来讲,那些对于曾经的苦难心有余悸,进而导致对现在乃至将来的生活充满恐惧的人,其真正的敌人并不是苦难本身,而是自身。

看到这里,如果你也感觉自己是被"纸老虎"吓住的人群中的一位,那么请你多往好处想一想,多思考一些快乐的事,转移自己的注意力,给自己积极的心理暗示,对自己说未来会越来越好。当你的心态乐观了,那么周围的一切就真的会变得美好起来。不妨就试试?

管依然在一家物业公司上班,不管是面对同事还是业主,她总是一副乐呵呵的表情,几乎看不到她唉声叹气的时候。

毛毛是和她一起共事的同事,她看到管姐总是这么开心,她有些好奇,忍不住问道:"管姐,你每天都乐乐呵呵的,是不是一出生就过得很顺利,从来没有遇到过委屈事呀?"

谁知,管依然微笑着回答说:"我从小就没有父母,是个孤儿,哪能没有委屈事呢。"

听到这里,毛毛惊讶地瞪大眼睛张大了嘴巴。

只听管姐继续说:"我从小生活在孤儿院。6岁那年我第一次被人领养,可是不到一个月,就被送走,因为那对夫妇的女儿不喜欢我。从6岁到10岁,我被转送过三次,最后终于在一户没有子女的老夫妇家中安定下来。"

"还好,你安定下来了,不幸的日子结束了。"毛毛安慰她道。

"是的,我的生活安定了。"管依然仍然微笑着,眼睛里却涌现出一层薄雾,"可是,我却变得很没有安全感,害怕又一次被送走,害怕彻底被人遗弃。除此之外,我还害怕开车时撞车,害怕家里突然着火,害怕我的养父母突然死去,总之每天都是紧张兮兮的。"

"怎么会这样,可是你现在这么乐观,你是怎么调整的?"毛毛更加好奇。

"这都是因为我的丈夫。"管依然眼睛亮了起来,"我的丈夫是我的大学同学,他是一个很理性、很乐观的人,他对我说,不要让过去的不幸和委屈影响现在的情绪,他还帮我分析,我所害怕的事情发生的概率是非常小的。为了让我相信,他带我去爬一座很陡峭的山,我很害怕会突然摔下去,他就一直鼓励我,慢慢往上爬,一定不会出事的。最后,我果真顺利爬到了山顶。诸如此类的事情还有很多,慢慢地,每发生一件事,我就会往好的那方面想。比如,我打不通我养父母的电话,我会认为他们是去外面玩去了,而不会再像以前那样,想象他们遇到了什么麻烦。"

"看来,你是完全从过去的不幸中走出来了。"

"差不多吧。我丈夫说得对,过去的不幸就是纸老虎,看着吓人,可是轻轻一捅,就破了。人活一世,谁都会遇到点不幸,我

> 同样的经历,对智慧的人来讲就是经验、是教训、是迈向下一步的新台阶或垫脚石,对愚痴者来说,只不过是摧毁其生命意志的导火索罢了。

不能让已经过去的不幸影响我们今后的生活。"

故事中管依然的精神的确值得我们学习。管依然是幸运的，在丈夫的帮助下，她顺利地摆脱了曾经的苦难给自己心理造成的影响，让自己过上了积极、快乐的日子。

每一个被过去的苦难和伤痛所牵绊的人，其实都可以像故事中的管依然这样用积极的、正面的心态取代消极的、负面的情绪。我们要清楚地知道，大多数负面情绪不过是对曾经的苦难而产生出来的想象，它就是一个"纸老虎"，用凶悍的假象掩盖了一捅就破的实质。

心理专家告诉我们，要想迈过"纸老虎"这个坎儿，我们就必须舍弃心中那些毫无缘由的幻想，摆脱它们对我们情绪的侵扰。同时我们还要认识到，曾经的苦难虽然让人痛心，但对我们来说也并非毫无意义可言，正如一位哲人所言："人生本短，痛苦使之长耳。"他是在告诉人们，人生本来是短暂的，但通过跟苦难作斗争，可以延长和拓展它的内涵和广度。换句话说，苦难让人生变得丰富。

因此，与其让痛苦成为我们心理上的负担，不如正视它，让它拓展我们生命的深度，帮助我们体会人生百态，丰富我们的生命。

◎ 遗忘，才会有新希望

纷繁复杂的生活中，川流不息的岁月河流里，很多东西都会被时间带走，一同带走的还有我们对一些人一些事的记忆。正是被带走了一些东西，我们的身心才变得更加轻盈，从而潇洒地继续走着新的人生之路。

试想，如果我们总是纠结在曾经的过往里，任由时间的车轮一点点地划过，那么留下来的，是不是只有忧愁与痛苦？而一旦我们学会了遗忘，遗忘那些阻碍我们前行的牵绊，我们就能够重新怀抱希望，感知生命中的欢乐和幸福。

说到底，遗忘其实就是帮我们驱逐烦恼的最简单的方式。比如遗忘一场不愉快的争吵，遗忘一次不经意的邂逅，遗忘一段尴尬的情感波折，遗忘一种无法挽留的美丽……只有将过去遗忘，才能以清澈的内心容纳更多，这其中，当然包含着有个叫做"希望"的东西。

夜深了，可是雨莲却毫无困意，她的内心在隐隐地痛。原来，她在这异乡的夜晚彻夜难眠地思念着那个并不爱自己的男人。

思绪总是如难驯的野马，在暗夜时分不受控制地带着她回到过去的往事中。回忆中那些幸福的、甜蜜的、悲伤的、痛苦的记忆会像火一样炙烤着她的心灵，痛楚就这样成了不能入睡的根源。

生活到底需要怎样的一种开始呢？当雨莲在异乡的城市孤身一人，当她凌晨时分行走在那些空旷美丽的街道，生活就已开始。

只是虔诚渴望过出现的他，早已不明去向。

她颤抖着双手，努力按下那个在心里默念了千百次的号码，听着手机里重复的语音提示"您好，您所拨打的电话已关机"。

这似乎是雨莲早已料到的结果，只是她还存在着某种幻想罢了。当电话里传来的这句"标准"了"再见"含义的声音，她的心竟平静得如同静止的湖水，再也泛不起涟漪。她还

> 为了让自己有一份轻盈的心境，我们有必要学会遗忘。

是禁不住回忆起曾经的那个诺言。那个人曾在黑暗中抱着她说:"我会让你幸福。"如今,一千个日夜过去,花前月下的海誓山盟却成了一道伤疤停留在时间里。当初那个许诺过要给自己幸福的男人,已如昔日黄花,零落成尘。

痛定思痛,雨莲告诉自己,遗忘吧,既然人生就是要学着不断受伤与成长,既然过去的往事再也无处寻觅,既然他已然忘却过去不再眷恋,就只能自己慢慢学着淡忘。淡忘那些苦涩的记忆,才可以让自己从痛苦中解脱出来;遗忘美好,才能使自己不只是一味活在过去,而是重新睁开双眼,发现身边美好的风景。

可以说,作为有着丰富感情与智慧的人们,无不渴望圆满的情感,让自己在这份甜美与幸福中享受生活的阳光和雨露。可是造化弄人,很多时候人生并不能如我们所愿,它常常喜欢和我们开个或大或小的玩笑,让我们受伤。尽管如此,我们如果懂得了遗忘,就依然能够重新孕育希望。就像主人公雨莲那样,淡忘掉那些曾经苦涩的记忆,让自己从痛苦中解脱出来。只有这样,才会让自己轻装上阵,不至于错过身边的美丽风景。

可以说,遗忘是一阵偶然吹来的微风,它能够安抚受伤的灵魂,释放无谓的压抑,让狂躁的心跳回复为趋于平静的涟漪。其实,每一条走过来的路都有它不得不跋涉的理由,每一次即将踏上的旅程也有它不得不选择的方向。沉湎于旧日的失意是脆弱的,迷失在痛苦的记忆里是可悲的。无法忘却过去的人,常常连今天也会失去。

学会遗忘,实际上是另一种方式的振作、坚强、成熟甚至超脱,更是一种只有强者才有的对生命苦难的傲视和嘲讽。当然,遗忘并非只是将记忆简单地抹杀掉,更不是消极地背叛过去,而是把往昔的情愫埋在心底,让沉积的激情深嵌脑际。

过去已经过去了，好的，抑或不好的，已经统统过去了，它们就像人生路上的一道道风景，可是，人的一生却需要不断地向前，我们不能总是看着老照片，而忽略身边的好景致。生命是短暂的，不管选择什么样的路，它都需要不断地向前，所以，勇敢地跟过去说再见，珍惜并把握住现在，才会不枉此行。

◎ 将辱没转化成一种力量

我们总希望自己活得风风光光，能够受人尊敬，得人爱戴。可是，谁都保不齐什么时候遭受来自他人的不尊敬，甚至辱没。面对这些，我们心里肯定是很不爽的，有的人甚至会伺机报复。

假如用同样恶劣的话语来辱没对方，那么只会增加彼此的仇恨，对自己而言，虽然当时出了口气，可事后想来还是郁闷不已。如果换一种想法和做法呢？比如，我们暂且不去理会他人的辱没，而是把这种辱没当作促使自己前进的力量。当我们用出色来证明给曾经辱没自己的人看时，是不是才算漂亮的"回击"呢？

要想证明自己不是弱者，那就把别人的不尊敬当成一种促使自己进步的力量吧，这样，你才会收获期待中的尊严。

马丁·库帕从校门出来了，可是工作找得一点都不顺利。他爱好无线电，可学的不是这个专业，很多公司都因为兴趣和专业不相投而将他拒之门外。

实在没办法了,他决定最后一搏,彻底放下自己的专业,完全根据自己的爱好来寻找工作。

于是,他来到资深无线电从业人士哈维的公司面试。库帕想过,如果自己能进入这家公司,就会学到很多无线电方面的知识,而且能够摆脱眼前生活的困境。

库帕怀着激动而忐忑的心情敲开了哈维办公室的门,当时,哈维正在研究无线电话,也就是现在我们都熟知的手机。库帕恭敬地对哈维说:"尊敬的哈维先生,我是个无线电'发烧友',很希望能够成为您公司的一员,您看能否留下我,让我为贵公司效力?我想我一定……"

库帕还没把话说完,就被哈维生硬地打断了,他用很不屑的眼神看着库帕,冷冷地说道:"请问你毕业多久了?从事无线电又有多长时间?"

库帕很诚实地说道:"前不久我刚刚走出校门,我很喜欢无线电,决定一辈子以此为生,不过,我之前没有从事过这方面的工作……"

这一次,哈维又生硬地打断了库帕,他说:"我不觉得你可以帮到我什么,所以请你不要再耽误我的时间,请回吧!"

听哈维这么说,库帕很是懊丧,可他还想再试一试,因为他太需要这份工作了。可是,他刚一开口,就又被哈维毫不留情地再次下了逐客令。库帕只好说了声"再见"。

> 在受到他人质疑、尊严被人践踏的时候,不要灰心丧气,我们只需把它当作一种特殊的促进我们前进的力量就好。

几年的时间过去了,1973年的一天,一个年轻人正用一个超大的无线电话说着什么。他就是当年被哈维拒绝了多次的马丁·库帕——手机的发明者,美国摩托罗拉公司的工程研究人员。当时，和他通话的，正是哈维先生。

在一次采访中，有记者问库帕："如果当初您被哈维雇用，一定会协助他完成手机的研制，而这一成就和荣誉就会变成哈维的，对不对？"

库帕却微笑着摇了摇头，回答道："不，如果当时哈维先生雇用了我，我就会成为他的助手，也许我永远也研制不出手机来。正因为他拒绝了我，断了我向他学习的念头，我才下定决心找出一条研制手机的道路，很庆幸，我找到了。那条道路的名字就叫辱没，我将乔治对我的辱没化作前进的前所未有的动力，这动力让我成功了。"

或许真的如马丁·库帕所说，如果没有哈维的辱没，就不会有他后来的成就。库帕是倔犟而坚强的，他没有因别人的轻视而自惭形秽，也没有因别人不给自己机会而潦倒落魄，他的坚强和努力最终让曾经辱没他的人看到了他的强大。

其实，任何一个能够在他人的辱没中艰难前行的人，都是不容易被打败的，他们能够源源不断地为自己带来前进的动力，最大化地创造生命的价值。

我们再来看看美国 NBA 超级球星奥尼尔的故事。

在奥尼尔还是一名中学生的时候，就对马刺队的中锋李浩·罗宾逊崇拜有佳，他把李浩·罗宾逊视为自己的偶像。每当有机会观看李浩·罗宾逊参加的比赛，奥尼尔都会兴奋好一阵。

一天，他有幸观看了李浩·罗宾逊所在球队的一场比赛，看完后，奥尼尔不顾天气寒冷，在球场门口等了好几个小时，为的就是得到李浩·罗宾逊的个人签名。

李浩·罗宾逊终于出现了，奥尼尔兴冲冲地跑过去，举着纸笔让李浩·罗宾逊签名，可李浩·罗宾逊都没有正眼瞧他，随即离开了。

没有得到偶像的签名，还遭受了这样的对待，奥尼尔心中愤愤的。他把纸笔往地上一摔，嘴里嘟囔着："有什么了不起，我将来一定要超过你，等着瞧！"

奥尼尔的话在5年后就应验了。此时，NBA赛场上出现了一个被人们称为"大鲨鱼"的超级中锋，他就是奥尼尔。

叱咤赛场的奥尼尔，对于每一个厉害的对手都不会畏惧，而且专门打那些厉害的角色。尤其碰到李浩·罗宾逊，他就更是拼命，经常把李浩·罗宾逊打得丢盔卸甲。

此时的奥尼尔，终于扬眉吐气了！

在遭受偶像不尊重的情况下，奥尼尔立志要超过对方，而且他也用行动证明了自己的信念。想想我们，也难免会受到来自他人的辱没，如果我们也像奥尼尔这样将这种辱没转换成促使自己前进的动力，那么有朝一日，我们也会如此扬眉吐气。

◎ 那些"忘恩负义"的事，要豁达面对

人生的遭遇真是千奇百怪，有时候我们对他人施以恩惠，可到头来却遭受人家忘恩负义，真是躺着也"中枪"，让我们烦不胜烦。

尽管这样，我们还得继续走自己的路，并且还得按照自己的原则来走

路。当遭人背信弃义,就算是委屈,就算是不愤,又能如何呢?与其如此,不如看开一些,豁达一点。这样,反而会让自己早一点从那种纠结中走出来。

> 不是所有的人都懂得知恩图报,世界上总有一些忘恩负义之辈。面对这样的人,要试着让自己的心胸豁达起来。

刘玉华很不幸,40多岁的时候失去了丈夫,而他们一直膝下无儿无女。丈夫临终前,嘱咐刘玉华,去孤儿院收养一个孩子,那样她未来的生活就不会太孤单了。

遵照丈夫的遗嘱,刘玉华决定这样去做。

转眼两年过去了,养子到了该上学的年纪。开销逐渐多了起来,仅靠刘玉华做小时工已经无法供养孩子和自己的生活,于是她又开始在没活干的时候捡起了破烂。

经过近20年辛苦的劳动,刘玉华终于把当初那个小顽童培养成一个大小伙子。

养子在学习方面很给她长脸,为此,她别提有多欣慰了。后来,养子大学毕业后留在了大城市,任职于一家上市公司,有着不菲的收入。

当得知孩子在大城市立足之后,刘玉华激动得掉下了眼泪,当然,这泪水中还饱含着她对孩子的思念。因为自从孩子上大学到毕业后工作的这七八年,从来没有回去看过她,只是偶尔寄一封信,或者汇一些钱。

刘玉华太想念孩子了,而且年纪越来越大的她,很希望自己能守着孩子,看着他成家,帮着他带孩子。

可是,当她把自己的意愿通过书信的形式告诉孩子的时候,得到的却是养子寄来的一张5万元的支票。

看到支票的刘玉华，半是喜悦半是担忧，她不知道孩子是什么意思。

等她拆开孩子的信，才恍然大悟。信上这样写道："妈妈，虽然养育之恩大于天，但经过我慎重地考虑，我还是觉得您不应该和我住在一起。为了弥补您这些年来所受的损失，我愿意补偿您5万元人民币，这也是一笔不小的数目了。我很快会组建我自己的小家庭，希望您为了我的幸福着想，以后不要再打扰我了。"

看完信，刘玉华的心一下子跌入了谷底，她无论如何也想不到，自己辛辛苦苦培养大的孩子，居然如此忘恩负义。

此后大半年的时间里，刘玉华都沉浸在痛苦之中无法自拔。周围的邻居们看她一副可怜兮兮的样子，都劝她想开点，大家还纷纷拉着她去山上溜达，散心。

一天，在山上溜达的时候，刘玉华发现有一朵小花盛开在悬崖峭壁间，刹那间她有所顿悟：一朵小花都能开得这么带劲儿，自己是不是也可以这样呢。二十几年难熬的日子都过来了，现在该为自己好好活一回了。

就这样，刘玉华终于振作起精神，重新投入到忙碌的生活中。

做父母的，如果遭遇子女忘恩负义，悲伤之情何其沉痛不难理解。

与其这样，还不如把心胸放开一点，不去理会那些忘恩负义的人，不管他是亲人，还是朋友。一旦我们放宽自己的心胸，便会发现，原来自己周围的一切并没有什么改变，对于自己曾经的付出不去计较、不去追求，那么我们的生活还照样可以重新开始，我们也仍然可以享受生活赐予的一切美好的事物。

第四章　如果不是醍醐灌顶，人生不会方向清楚

很多时候，面对同一件事，只需我们内心的一个转变，便会于山重水复处，惊见柳暗花明。其实，一切的根源都在于我们的内心，世界上本没有解决不了的事，往往困住我们的不是外界的环境，而是我们自己。因此，我们不妨学着和内心和解，也许恍然间就会感觉醍醐灌顶，前方的路也会变得清晰。

◎ 打开思路，找到更多的出路

微博上有一张转发颇多的图片，内容是：一个狭小的空间里，有类似油漆一样的液体在不停地流动，所以站着的人立足的空间也就越来越小，而画面中的人物不是跨出去，而是往角落处缩着……

这幅图片寓意着，如果方向选错了，那么只能让自己没有立足之地。

可是想想我们自己呢，是不是也常犯这样的错误？当我们面临困境，不是想着走出去，而是逐渐让困境带来的伤痛一点点挤压自己可以立足的空间，到头来只能落得遍体鳞伤。

其实，不管命运以什么样的方式呈现给我们，我们都应该以理智的思

想来看待它。我们要明白，如果人生不经历磨难，它就会变得肤浅甚至会贬值；如果生命不经受风雨的洗礼，它就会变得单薄不堪。

尽管如此，总会有些人把方向固定在墙角，遭到不幸的时候，以为退缩才是最好的解脱，心里不再对可能拥有的幸福抱有希望。一旦长期这样思考，那么势必会让自己进入一个阴暗的死胡同，长期陷入悲伤中而无法自拔。

经过两年多美好的恋爱，阿蕊就要和男友冯涛举办婚礼了。可是，不幸却在婚礼前一个月降临到他们身上。冯涛在一次自驾旅行中，不甚将车开进了路边的沟里，并撞上了电线杆，失去了性命。

这样的遭遇让阿蕊痛不欲生，她觉得自己太不幸了，一时间，阿蕊觉得天都要坍塌了下来，终日以泪洗面。她看不到自己未来的方向，也不想去看，干脆辞掉工作，把自己关进房间，不与外界交流。

阿蕊本来就是一个爱钻牛角尖的姑娘，这次的打击让她更是一根筋。数日过去，她依然无法缓解过来，就这样，她一直沉浸在痛苦的回忆里。

阿蕊的家人见她如此，都想方设法帮她赶快从这种痛苦中走出来。

可是，一晃半年多的时间过去了，家人能想到的办法都想了，阿蕊的情绪依然毫无改观。更让家人担心的事终于发生了。

一天，阿蕊悄无声息地离家出走了。家人知道后，赶紧四处寻找，可是为时已晚，等找到她的时候，发现她抱着未婚夫的相片冲进滚滚车流里，结束了自己年轻的生命。

对于阿蕊，所有人都会为之痛惜，甚至斥责，她这种"站在墙角看问题"和从过去"走不出"的情绪最终造成了悲剧的发生。如果她能够坚强一点，豁达一点，也许经过时间的洗礼，她能够摆脱回忆的困扰，重新开始自己的人生。

阿蕊自然不懂得，她的这种站在"墙角"看问题的做法，就是一种让自己执着于错误的行为，这种做法只能让她的痛苦越积越多。当痛苦沉重到一定程度的时候，生命就很可能负担不起。

当我们放下心中的执念，就会走出挡住我们前进的墙角，使我们不再为过去而纠结。

一个在城里长大的男孩在暑假期间去乡下体验生活，他看到一头驴感到很有趣，于是就花了100美元买下了那头驴。他和卖驴的农民商定好，等他离开乡下的时候再来把驴牵走。

可是不凑巧，等他来牵驴的时候，驴子居然在前一天晚上死了。而那100美元也被农民花光了。

男孩略一沉思，他让农民把那头死驴给他。农民疑惑不解，但还是答应下来。

> 有时候看似山重水复，但如果换一个方向，找一个新的角度，或许就能柳暗花明。

不久之后，农民进城卖粮食，遇到了买他驴的男孩，农民问他是怎么处置死驴的。男孩回答说："我把驴拉到了热闹的集市上，举办了一场幸运抽奖活动，奖品就是那头死驴。我一共卖出了500张彩票，每张2美元，总共卖了1000美元。"

农民备感惊讶，他没想到这个男孩居然有这样的头脑。更让他没想到的是，多年后，这个男孩成了一家大公司的CEO。

故事中的男孩花了100美元得到一头死驴，可以说是很冤枉的，假如换作旁人，可能会和农民较真，要么让农民赔自己一头活驴，要么让农民赔钱。可是这个男孩却没有这样做，他打破常规，站在更远更高的位置上，想出了一个全新的能扭转局面的方法，着实令人敬佩！

可见，不站在墙角看问题，才能真正走出困境，收获惊喜。当然，我们所说的不站在墙角看问题，除了要善于变通外，还应该引起我们注意的一个问题是，不要死缠着一个问题不放。有些事情在刚刚发生时，可能会让我们痛不欲生，但生命还很长，我们能够创造的快乐还很多。如果我们能多想想快乐的事情，多想想以后多彩的人生，痛苦就会慢慢减淡，直至不再对我们的生活造成任何影响。

看到这里，让我们回首一下自己走过的路吧，我们是否有过一些小小的不顺并为此而整夜睡不着觉，有没有因为别人的斥责耿耿于怀很多年。现在再回过头去，你也许会觉得，那些曾经让自己无比心痛和委屈的事，现在看来真是不值一提。

没错，时间是不断运行的，也就没有什么是过不去的。即使再委屈，再不甘心，那也只是生命中的一小段路罢了。只要我们学会转弯，不再盯着束缚身心的墙角不放，那么我们的心胸就会变得宽大，眼前的一切也就不会占据我们内心过多的空间。这样的状态，不正是我们所期待的吗？

◎ 困惑时，退一步海阔天空

面对同样的事，为什么有的人能够应付自如，轻松潇洒，而自己却总是力不从心，屡屡受挫？

其实，那些活得轻松自如、洒脱淡定的人，并非是由于他们的无可挑剔而有如此成就，而是由于他们能够把握得住"进退"的界限。当面临"不可进"的情形时，他们懂得退后一步，然后再换一个角度想办法让自己前进。这样一来，成功就不是那么复杂和困难，而我们的人生也不必如此纠结了。

一位登山运动员参加了攀登世界第一高峰——珠穆朗玛峰的活动。我们知道，珠峰最高海拔为8000多米，但这位运动员在爬到6000多米的时候，因为身体出现了不适，而放弃了攀爬。

面对快要登顶的他，很多朋友都为其深表遗憾，这个说："哎呀，你都已经走了四分之三的路程了，你为什么要放弃呢？"那个说："如果能咬紧牙关挺住，再坚持一下，或许也就上去了。要知道，有多少人梦寐以求站在珠穆朗玛峰上啊！"

面对众人投来的惋惜之情，这位运动员却不以为然，他平静地对大家说："其实，我心里很清楚，6000多米对我来讲已经是我登山生涯的最高点，根据我当时的身体状况而言，那已经是极限了。如果我再继续爬，那么很可能会丧失性命。难道我会和自己的生命开玩笑吗？所以，对于中途退却，我一点都没有感到遗憾。"

这位运动员的话确实很有道理，而他的做法也值得我们学习。当我们到达一定程度，无法再前进，或者再往前走很可能会让自己惨不忍睹的话，不妨退一步，这才是明智的选择！

换句话说，每个人每件事或许都存在一定的极限，我们不能掰着柳树要枣吃，也不能明知山有虎偏向虎山行。虽说突破自我很有必要，但是这种突破并不是建立在鲁莽和无知基础之上的。美国总统林肯曾经说过这样一句话:"自然界里的喷泉,其喷发的高度不会超过它的源头。"这句话的意思就是,事物本身存在着突破口,但并非任何人都能够穿过突破口,创造极限。也就是说,每个人都有最大的承受能力。像案例的这位年轻人,他懂得自己的生命所能承受的极限,因此淡然自若地做自己能做的事。这样做,谁又能说他不是一位胜利者呢!

"当行则行,当止则止",要告诫我们的正是这样一个道理。

聪明的做法是,我们要及时了解自己的能力,承认自己的不足。在此基础上,我们才能做到量力而行,不莽撞,不遗憾。

幼年时期的格里格·洛加尼斯是一个十分害羞的男孩,又因为他说话有些口吃,所以在阅读与讲话方面不尽如人意,一度被归为学习最差学生的行列。

不过,洛加尼斯是一个很聪明的孩子,小学没毕业的时候,他就发现了自己在运动方面强于他人,而这是他特有的天赋使然。认清这点后,洛加尼斯减轻了些自责,并开始专注于舞蹈、杂技、体操和跳水方面的锻炼,由于自身的天赋和努力,洛加尼斯果然开始在各种体育比赛中崭露头角。

> 面对同样的事,为什么有的人能够应付自如,轻松潇洒,而自己却总是力不从心,屡屡受挫?在寻找答案之前,请先低下头看看正在做的事情,是否真正是合适你的吧!

可是,升入中学后,洛加尼斯发现自己有些力不从心了,因为无论是舞蹈、杂技、体操、跳水,都需要辛勤的付出,他不可能有这么多时间和精力去做这么多事,常常感到力不从心,而且这些事情自己仅仅能做到差不多,离优秀还有一段距离。

后来,在恩师乔恩——前奥运会跳水冠军的指点下,洛加尼斯认识到自己在跳水方面更有天赋,便接受了跳水专业训练。

经过长期的努力,洛加尼斯终于在跳水方面取得骄人的成就:16岁成为美国奥运会代表团成员,28岁时已获得6个世界冠军、3枚奥运会奖牌、3个世界杯和许多其他奖项;1987年作为世界最佳运动员获得欧文斯奖,达到了一个运动员荣誉的顶峰。

很为洛加尼斯感到庆幸,他没有一味地在某一个方面和自己较劲,而是选择了另辟蹊径的做法。不难想象,如果在学习上与别人竞争,那么到现在他或许也只是个普普通通的人。因此,我们说,洛加尼斯是幸运的,而他的幸运是建立在自己懂得取舍、懂得退让基础之上的。

由此可见,无论我们身在职场,还是驰骋商界,都不要认死理,适当地退一步,或许就能看到别的可以前进的道路,任何时候都不要忘了条条大路通罗马。只要我们能最大限度地发掘自己的长处,那么就能收获内心的充实和坦荡,拥有"非同寻常"的人生之旅,这样的人生才称得上精彩绝伦,不是吗?

◎ 不要把困难看成困难

横看成岭侧成峰,同一样事物,不同的角度会显现不同的风景。这也就是说,同一件事情,往这方面想可能就会导致我们情绪低落,内心不快,而往另一个角度看，就会积极乐观，豁然开朗。

由此可以判断，我们对事物产生某种希望或者恐惧，是因为事物往往会以各种情形出现，从不顾及我们的感受，也不会迎合我们的愿望。外部的环境容不得我们选择，但是对外部环境的反应却是可以由我们自己说了算的。

面对一个问题，一件事情，我们抱着乐于接受现实的态度，努力地寻找它存在的益处。这样，我们才能更好地接受现实，才能更好地换一种思维去思考问题，进而解决问题。

曾经，有一位母亲教育儿子："儿子，不要把困难看成困难。"

"那把它看成什么呢？"儿子问。

"把它看作你平时最爱玩的电子游戏中的那些怪兽。当它来的时候，你不要怕，你只需要用力地打它，打败它！你甚至可以想：'呃，又有好玩的了。'你玩游戏的时候，不是越大的怪兽越刺激好玩吗？"

"如果我打不过它，失败了怎么办呢？"儿子问。

"那又有什么关系呢？你平常玩游戏时，失败了不就是重新再玩一次吗？"母亲回答道。

这位母亲是明智的，这个孩子是幸运的。现实中，并不是所有的母亲都能给孩子这样的教育。其实，正如这位母亲的话语所传达的，失败没什么可怕的，可怕的是我们在心态上彻底输了。

我们何不学着这位母亲的思路，把眼下的困难看作一场游戏，这样一想，

> 我们之所以对某件事不能解脱和释怀，多是由于我们对待事情的态度和反应导致的。

我们便不会烦恼，不再郁闷，不再伤心，而是再给自己重来一次的勇气和机会。

可是，现实社会在这一问题上的表现不容乐观，很多人常常会带着一份厌恶感或同情心去看待一些问题。殊不知，这样就会无意间保留了一些未经检验的看法和观点，认为事情本身就是一场无尽的灾难，自己根本就没有办法改变。

既然如此，我们还是选择前一种吧，做一个明智的人，用有益的方式对看似不好的事情作出一些恰到好处的反映。

有一个女作家为了寻找写作的灵感，使得作品与众不同、很有味道，常常四处飘荡。

有一次，她来到一个小山村体验生活，夜里在一对夫妇家借宿。女主人看了看她，同情地说："一个女人这样浪迹天涯，太可怜了！"女作家听后，诧异地说："不啊，我并不觉得可怜和孤独。能够实现理想，我很快乐啊！"

可以说，女作家是乐观的，更是明智的，她懂得往事物好的一面去看，而那个农妇相对来讲就显得狭隘，只看到事情坏的一面。

其实，好与坏都带有很强的主观色彩，都是有限经验的结果。可是，两种看法却会产生截然不同的结果，悲观的想法导致坏的结果，乐观的思维带来好的结局。如果前者不能辩证地看事情，就不能走出误区，也就无法摆脱过于强烈的个人色彩，那么他的日子也是泥泞而灰暗的。而后者由于懂得在不利的事情中也能看到事情中存在的优势，能分辨出其存在的价值，就能很好地吸取教训，使事情向着美好的方向发展。

看到这里，该怎么看待事物，该如何面对问题，你的心里已经有答案了吧？

◎ 后退一步，才能看到更广阔的世界

俗话说得好："忍一时风平浪静，退一步海阔天空。"遇到事情不冲动，多一分宽容和忍让，或许可以让我们避免许多不必要的麻烦，也可以减少很多不必要的矛盾。

不可否认，我们生活在大千世界中，免不了会与别人产生一些矛盾与摩擦。面对这些不快，每个人的处理方式又各不相同。如果一个人心胸豁达，懂得包容和宽恕别人，那么，他眼中的世界永远是阳光明媚、积极向上的。相反，心胸狭隘的人总是和别人针锋相对、斤斤计较，这样不但会伤害到别人，自己也变得消极落寞。

在古希腊神话中，有一个名叫海格力斯的英雄。一天，他正在崎岖不平的山路上走着，突然看到一个鼓起的袋子，而且这个东西的位置很碍脚。于是他抬起脚来，用力地朝袋子踩了下去。让他没有料到的是，那个袋子不但没有被踩破，反而变得越发膨胀起来。海格力斯被激怒了，他抄起一根大木棍，使出了吃奶的劲儿去砸那个袋子，那袋子居然开始加倍地变大，直到最后那整条路都堵死了。

这时，一位智者在海格力斯身后出现了。他和颜悦色地对海格力斯说："年轻人，赶紧住手！离它远一些！这个袋子叫仇恨袋，如果你不惹它的

话，它就会缩小到你刚看到它时候的样子。如果你不断地去侵犯它，它就会膨胀得越来越大，那时候，你永远都没办法从这里通过了。"

看完这个故事，我们是不是可以反观自身，我们是不是也经常会犯和海格力斯同样的错误？在遇到矛盾的时候，总是不愿意自己吃亏，而是向对方步步紧逼。认为如果自己先作出退步就是没面子、没尊严的表现。这样只会导致矛盾不断地被激化和升级，最后弄到无法收拾的地步。

我们需要清楚的是，退让和宽容并不会让我们失去尊严。相反，它恰恰是一种心胸豁达、成熟理智的表现。一时地退让不仅可以避免矛盾的加深，还能换来别人的尊重和感激。敌意和仇恨就像一面不断增长的墙，而宽容和退让则像一条不断加宽的道路。我们要学会宽容别人，善待恩怨，学会尊重自己不喜欢的人。因为宽容别人就是在宽容我们自己，在宽容别人的同时，也为自己营造一个安宁的心境。

一位心理专家特意做了一个实验，他让实验者去回忆曾经一个受伤害的场面。在固定的时间内，实验者要先用宽容的心态去回忆，接着再用不宽容的心态去回忆同样的场景。实验结果显示，实验者在用不宽容心态回忆时的平均心率都有不同程度的增加，而血压也在随之上升。看来，宽容有利于身心健康，并且能够消除仇恨等不良情绪。

不得不承认，由于各种原因，我们难免会和别人发生冲突。当你的朋友背叛你的时候，你是选择伺机报复，还是选择宽容他呢？当有人在背后恶语中伤你的时候，

> 我们不妨转换一下自己的思维，用博大的心胸去包容万物。当我们退了一步之后，就会看到一种出乎意料的美丽和一个意想不到的奇迹。

你是想用同样的坏话去攻击他，还是保持缄默、泰然处之？宽容是一种至高的人生境界，遇到矛盾的时候，不妨把自己的刺收起来，后退一步，或许是为前进做好的铺垫呢。

李渊任太原留守时，突厥兵时常来犯，突厥兵能征善战，李渊与之交战，败多胜少，于是视突厥为不共戴天之敌。一次，突厥兵又来犯，部属都以为李渊这次会与突厥决一死战，可李渊却是另有打算，他早欲起兵反隋，可太原虽是军事重镇，却不是号令天下之地，但又不能离开这个根据地。如果离太原西进，则不免将一个孤城留给突厥。经过这番思考，李渊派刘文静为使臣，向突厥称臣，书中写道："欲大举义兵，远迎圣上，复与贵国和亲，如文帝时故例。大汗肯发兵相应：助我南行，幸勿侵虐百姓，若但欲和亲，坐受金帛，亦唯大汗是命。"

唯利是图的始毕可汗不仅接受了李渊的妥协，还为李渊送去了不少马匹及士兵，增强了李渊的战斗力。而李渊只留下了第三子李元吉固守太原，由于没有受到突厥的侵袭，李渊得以不断从太原得到给养。终于战胜了隋炀帝杨广，建立了大唐王朝。而唐朝兴盛之后，突厥不得不向唐朝乞和称臣。

唐高祖李渊以退为进，为自己的雄心大志赢得了时间。如果不能忍那一时之气，李渊外不能敌突厥之犯，内不能脱失守行宫之责，其处境必将陷于险恶之中。

由此看来，有些时候后退也是一种前进。因此，身处竞争激烈的社会舞台上的我们，不要只为了生存而不停地向前赶路，而应适当地摆出后退的姿势，这样才能更好地前进。

◎ 满足，藏在付出的怀抱里

很多人总喜欢对别人横挑鼻子竖挑眼，常常拨着自己心里的算盘，看看是得到得多，还是付出得多，或者算计算计别人给自己带来多少"好处"，而自己给别人带去多少"坏处"。

无疑，这样的想法只能以狭隘、自私来形容。这些人或许不知道，人与人之间的作用是相互的，你对别人好，别人才能对你好，你为别人付出得多，你才能从别人那里收获得多。

在一个花园里，一只蜜蜂和一只黄蜂相遇了。黄蜂气恼地说："奇怪，我们两个有很多共同点，同样是一对翅膀，一个圆圆的肚子，为什么别人提到你常是开心的，提到我却说我是害虫呢？"

黄蜂接着又愤愤地说："我真不明白，真要比起来，我有一件天生的漂亮黄色大衣，而你却成天脏兮兮地忙里忙外，我到底哪一点不如你呢？"

蜜蜂说："黄蜂先生，你说得都对，但我想人们会喜欢我，是因为我给他们蜜吃，请问你为人们做了什么呢？"

黄蜂气急败坏地回答："我为什么要帮人们做事，应该是人们要来捧我吧！"

蜜蜂接着说："你希望别人怎样待你，你就得先怎样待人。"

看看我们所处的生活环境中，诸如黄蜂这样充满气恼情绪的人并不少见。但这类人往往除了气恼却从不分析出现这种情况的原因所在，而聪明又善良的蜜蜂却深深知道想要得到别人的关心和喜爱，就要先向别人付出友爱与帮助。

这一点很好理解，要知道，在多数人的内心深处，自我意识较为强烈。举个例子，一家咨询公司就电话对话做过一项调查，看在现实生活中哪个字使用率最高，在500个电话对话中，"我"这个字使用了大约3950次。很显然，一个人不管实际状况如何，在内心中都是非常重视自己的。

正如一位名叫约翰·杜威的美国哲学家说过的："人类本质里最深远的驱策力就是希望具有重要性。"每一个人来到世界上都有被重视、被关怀、被肯定的渴望，当你满足了他的要求后，他就会对你重视的那个方面焕发出巨大的热情，并成为你的好朋友。

一位男子坐在一大堆金子旁，伸出双手向路人乞讨，索要钱财。

这时候，佛陀向他走来，男子同样伸出双手乞讨。

佛陀问他说："你都拥有一堆金子了，为什么还乞讨呢，难道你还有什么乞求吗？"

只见这位男子叹了口气，说："唉！虽然我拥有如此多的金子，但是我仍然不满足，我乞求更多的金子，我还乞求爱情、荣誉、成功。"

于是，佛陀从口袋里掏出他需要的爱情、荣誉和成功，送给了他。

一段时间后，佛陀又从这里经过，又看到那位男子坐在一堆金子上向路人乞讨。

佛陀问他说："你所求的都已经有了，难道你还有什么不满足的吗？"

> 泰戈尔说："即使爱只给你带来哀愁，也要信任它，不要把你的心关起来。"

"唉！虽然我得到了那么多东西，但是我还是不满足，我还需要快乐和刺激。"男子说。

听完，佛陀又把快乐和刺激给了他。

一晃又是一段时间过去了，佛陀从这里路过，只见那男子仍然坐在一堆金子上，向路人伸着双手。

佛陀又问了同样的话。只听男子说："我还是不能感到满足，老人家，请你把满足赐给我吧！"

佛陀笑了笑说道："你需要满足吗？那么，请你从现在开始学着付出吧。"

一段时间后，佛陀又从此经过，只见这男子站在路边，他身边的金子已经所剩不多了。原来，他正把它们施舍给路人。

男子把金子给了衣食无着的穷人，把爱情给了需要爱的人，把荣誉和成功给了惨败的商人，把快乐给了忧愁的人，把刺激送给了麻木不仁的人。现在，他几乎一无所有了。

佛陀问他："你现在满足了吗？"

男子微笑着说道："我满足了，满足了！原来，满足就藏在付出的怀抱里啊。当初我只想得到更多，以为只有那样我才满足，可是却始终没能如愿，反而越来越不满足。而当我付出时，我为我自己人格的完美而自豪、而满足；为人们投来的感激的目光而自豪、而满足。谢谢您，佛陀，是您让我知道了什么叫真正的满足，什么才是真正的获得。"

这则寓言告诫我们，一味地获取并不能让人满足和快乐，只有付出才能真正获得满足，找到快乐。从这个角度讲，用有形有数的付出，却能换来无形无边的快乐和满足。

可看看我们身处的现实世界，总有这样一些人，他们总是想得到一些什么，可他们总是得不到，因为他们从来都不想先付出什么。这种心态往往注定了他们的失败。

可以说，向别人付出，是一种爱，这种爱不是一片宁静的土壤，而是一种征服的力量。很多人都不知道，帮助别人也有助于自己的成功。你可以在帮助他人的同时实现自己的目标。如果你是主管、经理或老板，你在帮助下属获得成功的同时，你自己也会变得更加成功；如果你是教师，学生的成功就是你的成功，因为你教会了学生如何实现需求的本事。当我们学着帮助别人时，我们与别人的关系也能得到巩固和发展。

所以说，我们要想被人重视，就要先尊重别人；不想被骂，就要以和蔼宽厚的态度对待他人；不想听谎言，就先要对人诚实地讲话；不想失去朋友，就别去伤害朋友……总之，只有你把温暖带给别人，别人才能将热情回报于你。所以，我们要对他人付出爱和尊重，哪怕只是多一个饱含真情的眼神，哪怕只是一个细微的动作，让他们都因为"我"这个人的存在而变得更幸福、更快乐。一旦如此，我们自己便会从中收获更多的幸福和快乐。

◎ 要懂得变通，人生不是单行道

古人有言："穷则变，变则通，通则久。"反观我们生活，能将此理运用于自己的生活的人，却不多见，有不少人把人生看作一条单行道，一条道走到黑。

到头来怎么样呢？无疑，这种不撞南墙不回头的做法只能让自己伤痕累累，到头来，白了少年头，空悲切。

殊不知，很多时候，只要我们稍微变通一下，那些令我们头疼的问题便自行解决了，曾经看起来走到尽头的路居然柳暗花明起来。

韩菲菲从一所师范院校中文系毕业后，应聘到一家出版社任图书编辑。一次，她向一位业内有名的作家约稿。之前，韩菲菲就听说这位作家以难以应付著称，所以这次一接到这个人物，心里就惴惴不安起来。

果然，韩菲菲与这位作家的第一次谈话没有成功。究其原因，主要是因为无论作家说什么，韩菲菲都以"是"、"是的"或者"可能是吧"等简单或者模糊的词来回答，局促不安的她全然忘了请求作家写稿子的事。

回来后，韩菲菲总结了自己这次不成功的邀约，发现了自己的问题所在，于是她决定改天再去拜访作家，这次一定要向他说明这件事，绝不能像今天这样随便地结束。

第二次，虽然如约见到了作家，但作家过于冷淡的态度有些让韩菲菲受不了。韩菲菲觉得彻底没戏了。可就在她灰心丧气地将要和作家告别时，脑海中突然闪过一本业内的杂志曾刊载过这位作家近况的一篇文章，于是她说道："我听说您的一篇作品被译成英文在美国出版了，是吗？"

就在韩菲菲说完这句话后，这为作家猛然向前倾了倾身体说道："是呀。"

韩菲菲发现作家来了兴致，于是继续说道："只是不知道您那种独特的文体，用英语是否能够完全体现出来。"

"这一点也是我所担心的呢。"作家饶有兴趣地说。

就这样，韩菲菲和这位作家的谈话一直持续了半个多小时，气氛也变得轻松起来。这时候,韩菲菲向作家提出写稿的要求,而这位作家也笑呵呵地答应了下来。

看完这个故事,或许你会产生这样的疑问:这位难以应付的作家,为什么会因为韩菲菲的一席话,态度来了个180度的大转弯呢?其实,这是因为作家认为,这位编辑不仅读过他的文章,而且对他写作风格方面的一些情况也有比较透彻的了解,同时他也从中感受到这位编辑是一位不会随便应付的主儿。

由此可见,我们在与人打交道的时候,事先了解一下交谈对象是很有必要的。这样做,可以在最短时间内拉近人与人之间的关系,还可以像上面故事中的韩菲菲一样,在心理上占有一定的优势,从而实现自己想要的结果。

其实,生活中的很多事,发展轨迹并不会按照我们所预想的那样,因此仅仅靠书本上和过来人的理论和经验是远远不够的。只有懂得变通,才能以不变应万变。

不知道你是否听说过,自然界有这样一种鸟,它们以食鱼为生,但它们嘴巴的形状是直直的,上下两部分都又长又阔,所以在吃鱼的时候很容易被卡住。鸟很聪明地想出这样一个办法,在吞吃食物时,把鱼抛到空中,让鱼头朝下鱼尾朝上落下,自己用嘴接住。这样一来,鱼在通过咽喉的时候,鱼刺就不会卡在鸟的喉咙里了。

> 人的一生并非只会在一个地方,一个领域取得成就,因此我们没有必要无谓地坚持。只有审时度势,当机立断,才能在变通中找到解决问题的最佳途径,进而达到事半功倍的成效。

不得不说,这种鸟实在聪明,而这也是大自然优胜劣汰的生存法则赐予它们的本领吧。回过头来，想一想身处复杂多变社会中的我们，在为人处世过程中，同样也会像这种鸟一样碰到各种各样的"刺儿"，此时，如果我们懂得变通，寻求另一条道路，是不是就会比一条道走到黑多一些胜算呢？

◎ 输得起，才赢得起

很多人尤其是男性很喜欢打牌这项游戏。现在请想一想，当我们玩牌的时候，是不是每当自己出牌的时候，就会表现得谨小慎微、犹豫不决。而到头来往往越是如此，输牌的可能性就越大。

打牌如此，我们的人生又何尝不是如此？

面对即将开始的"搏杀"，如果我们总是患得患失、害怕失败，那么到头来很可能以失败而告终。因为输不起就意味着失去了平常心，如果没有了平常心，怎么会赢得一个成功的人生呢？因此，这里的"输得起"对你人生道路上的输赢起着很关键的作用。用美国股票大王贺希哈的话说："不要问我能赢多少，而应问我能输得起多少。"

在广阔无垠的自然界中，有些动物的本性可以对"输得起"做一个很好的诠释。

对于狼这种自然界中勇猛的猎捕者我们都不陌生，但是我们或许并不清楚，它们捕食的成功率也仅仅只有10%左右。也就是说，在狼群每10次的猎捕行动中，仅仅只有一次的成功机会。

或许更让我们惊讶的是，就是这十分之一的成功概率，关系到了整个狼群的生存问题。

原来，对于失利的那90%，狼不会表现出倦态和绝望，而是会重新以饱满的精神投入到下一次的猎捕行动中去。

动物学家经过研究发现，一次失败的狩猎行动，只能磨炼狼群的技能和增加对成功的渴望；对于所犯的错误，狼绝对不会视为失败。

也许正是这种不怕失败的精神头，让狼随着时间的磨炼，获取更多的狩猎技巧，而成功也就自然降临到它们身上了。

由此可见，失败并不是天塌下来的事，而真正让人绝望的，是害怕失败，或者找不到失败的原因。因此，我们也要像狼群一样，遇到问题不怕失败，即使失败了，我们及时找出解决的办法，然后充满信心地投入到下一次"狩猎"中去，这样才能更好地成长。

说到底，输和赢在一定程度上赌的就是人们的心理，谁不怕输，谁能有一颗平常心，谁就可以赢得最终的胜利。

有着常胜将军之称的拿破仑指挥的所有战役中，并非是百战百胜的，他也有1/3的战役以失败而告终，但这并不妨碍他进行下一次战役，最终成为最伟大的军事家。显然，人们不会因为他这失败的1/3而否定他的军事才能。

由此我们联想到自身，如果我们因为害怕失败而不去尝试，或者当失败后一蹶不振，岂不是失去了磨炼的机会，也就和成功无缘了吗？

其实，成功带给人的是荣誉与兴奋，而失败却带给我们教训和启示，能够促使我们思考和探索。从这个角度来看，输会给我们指出一条新的道路，输其实也是一种赢。

在一次结业考试中，默克教授给一位将要毕业的学生打了个不及格的成绩。这件事对那个学生打击很大，因为他早已做好毕业后的各种计划，现在不得不取消，真的很难堪。现在他只有两条路可以走：第一是重修这门课程，下年度毕业时才拿到学位。第二是不要学位一走了之。在知道不能更改后，他大发脾气，向教授发泄了一通。

默克教授等待他平静了下来后面对他说："你说的大部分都很对，确实有许多知名人物几乎不知道这一科的内容，你将来很可能不用这门知识就获得成功，你也可能一辈子都用不到这门课程里的知识，但是你对这门课的态度却对你大有影响。我希望你现在要做的，就是冷静下来，平静地接受这一次的结果。"

"你是什么意思？"这个学生问道。

默克回答说："我能不能给你一个建议呢？我知道你相当失望，我了解你的感觉。我也不会怪你。但是请你从内心里接受这件事吧，这一课非常非常重要。请你记住这个教训，5年以后你就会知道，他是使你收获最大的一个教训。"

后来这个学生又重修了这门功课，而且成绩非常优异。不久，他特地向默克授教致谢，而且非常感激那场争论。

"这次不及格真的使我受益无穷，"他说，"看起来可能有点奇怪，我甚至庆幸那次没有通过，因为我经历了挫折，并尝到了成功的滋味。"

> 面对失败，既然无法摆脱失败的遭遇，那就让自己做好"输得起"的准备。

这位学生通过一次失败的考试经历，得到了历练，在品尝失败的过程中学会了"输得起",最终让自己尝到了成功的滋味。

其实,在我们每个人的人生旅途中,没有一个人不会经历失败。面对失败,我们要具备百折不挠的意志,通过"输"来寻找到当初奋斗的起点。当我们用输得起的心态来看待失败的时候,那么即使一百次扑倒在地,也会有第一百零一次站起来,才会真正赢得起!要知道,每一次的失败,都把我们朝成功拉近了一步,而每一次的成功过后,我们又站在了一条新的起跑线上。真正的赢家懂得把成功垫在脚下,站在高处寻找更远的目标。

◎ 从聆听开始,发挥耳朵的作用

"会说的不如会听的。"其实,在人际交往方面,听的作用还真是不亚于说。美国著名的外交家富兰克林曾说过:"冷静的倾听者,能受到人们的欢迎,而喋喋不休者,就像一只漏水的船,每个乘客都想尽快逃离。"教育家卡耐基说:"做个听众往往比做一个演讲者更重要。专心听他人讲话,是我们给予他的最大尊重、呵护和赞美。"

听之所以如此重要,是因为每个人都认为自己的声音是最重要的、最动听的,并且每个人都有迫不及待地表达自己的愿望。只有我们善于倾听,才能让对方感受到尊重,并对我们报以良好的印象。而我们呢,也会通过倾听从对方那里了解更多的信息,进而增进自己对对方的了解,看到对方的优势,发现自己的不足。从这个角度来看,善于倾听不但有利于改善彼此的关系,还有利于改善我们自身认知事物的能力。

具体说来,认真倾听别人讲话有3点好处。

其一，会给人留下谦虚好学、诚实可信的好印象。在小说《傲慢与偏见》中，丽萃在一次茶会上专注地听着一位刚刚从非洲旅行回来的男士讲非洲的所见所闻，几乎没有说什么话，但分手时，那位绅士却对别人说，丽萃真是个知书达理的好姑娘！

其二，能避免说出不成熟的意见，造成尴尬局面。

其三，善于倾听的人常常会有额外收获，比如，蒲松龄虚心听取路人的述说后，得到了很多写作灵感，从而写出了流传千古的《聊斋志异》；唐太宗善于倾听众人的意见，收获很多治国策略，从而成为万民拥戴的君主；齐桓公倾听鲍叔牙的建议而提拔管仲，从而成为"春秋五霸"之首；刘玄德善听诸葛亮的计策，从而成功地鼎足于三国之中。

人际关系专家经研究发现：很多人没有好的人际关系，原因不在于说错了什么，或是应该说什么，而是因为听得太少，或者不注意听所致。在人际交往中，说不一定能有多少好处，但善于倾听却往往可以为我们加分，让我们交到更多的朋友，而且还有可能为我们赢得一些宝贵的机会。

去年国庆节的时候，刘浩智去外地旅游。在回来的火车上，他遇到高中同学吴晓茜。

两个人闲聊起来，刘浩智得知吴晓茜现在一家知名外企的上海分公司工作，这次是去北京出差。刘浩智感到奇怪，那家外企的门槛很高，没有丰富的工作经验，是很难进去的。于是，他便问道："你怎么这么厉害，能进入这家公司？"

吴晓茜笑了笑，说道："其实，进入这家外企纯属偶然。大学毕业那年，这家

> 在交流方面，耳朵的作用比嘴巴的作用还要大。不过听也是有学问的。

公司为了开拓日本市场,就到我们学校来招收一名日语专业的学生。我虽然不是读日语专业的,但因为二外是日语,会一些简单的日常对话,我就抱着试一试的态度加入了应聘的队伍。没想到,我竟然顺利通过了两轮笔试,进入最后的面试。轮到我面试的时候,主考官说了几句中文,让我与另外一个日语专业的学生进行翻译。之后,他就让我们两个用日语对话几分钟,话题由我们自己定。于是,我们就按照要求开始口语对话。对话一结束,我就觉得自己输定了,因为对方的口语说得非常流利。但出乎意料的是,主考官竟然宣布我是最后人选,让我一个星期后去公司参加培训。"

刘浩智疑惑地问道:"原因是什么?"

吴晓茜解释道:"我也问了主考官同样的问题,他说,在我们俩对话的过程中,我一直在认真地看着对方,倾听对方的讲话,并不时地点头表示认可,没有打断过对方,显得很有修养。而对方自认为是日语专业的学生,有些盛气凌人,说话也咄咄逼人,想在语言方面压制我,这让主考官很反感。而且,主考官还说了一句让我更意外的话。他说,他根本听不懂日语,让我们俩对话,就是想观察我们讲话的表情,从而判断我们的交际能力。他觉得我很符合要求,就决定将机会给我。"

可见,吴晓茜之所以获得这个炙手可热的职位,靠的正是自己善于倾听的做法。尽管在这次面试中,吴晓茜本是处于劣势,但是,她善于倾听别人说话的习惯为她扭转了局势,结果反败为胜,得到了很好的工作机会。

因此我们可以说,倾听对改善我们的人际关系和成就我们自身是有百利而无一害的。纵观古今中外的历史,很多人都是因为善于聆听而独具个人魅力,从而实现了自己的个人理想。比如汉高祖刘邦的皇后吕雉,就是因为耳听八方、广纳群言、懂得聆听而独具魅力,从而登上了中国历史上第一位皇后及皇太后的宝座；齐桓公如果不善于倾听，就不会有春秋霸业；唐太宗不懂得倾听，就不会出现贞观之治；蒲松龄不懂得倾听，就不会有《聊斋志异》的问世。

可见，倾听对于一个人的影响是极其重大的，倾听更是提升整体形象，增添个人魅力的法宝。

当然，倾听说来容易，做起来却不简单，它并不是只要我们用耳朵来接收对方的信息就可以。真正的倾听是要将耳朵、眼睛、神态结合在一起，用心体会对方的话语，这样才能达到有效沟通的目的。以下是几种倾听技巧，将其灵活运用，我们就可以成为一个合格的聆听者。

首先，要做足"面子"上的功夫。"你的表情对对方的谈话总是在做出自然的会心呼应"。这是人际关系学中的观点。的确，我们的表情在倾听过程中也是至关重要的，正所谓"有动于衷必形于外"。例如，当我们的眼睛注视着对方，表明我们对他的谈话非常有兴趣；如果我们总是东张西望，就说明心不在焉，心早就跑到了九霄云外；而当我们有事想离开或觉得谈话内容很枯燥时，我们就会下意识地看表。所以，当聆听别人讲话时，我们一定要注意自己的面部表情，要展示给对方一张充满真诚的脸。这样对于我们和交流对象的互动可是大有裨益哦！

其次，别光顾"傻听"，也要适时提个问题、做个评价。在倾听过程中，我们不能一直沉默不语，只是竖起耳朵听，这样，对方就会觉得自己在说单口相声，可能会因此而停止说话。我们应该适时地提个问题或对其所述做个评价，这可以表明我们不仅在认真倾听，而且对这个话题很感兴趣。比如："真的有这种事情？""你这个想法很有创意。""如果你这样做，效果应该会更好。"

最后，别不懂装懂，有疑问赶紧问。有些人由于害羞、胆怯，在听别人说话的时候，有不懂的地方虽然很想弄明白，可碍于面子不好意思提问。可当对方问他的想法时，他就一时语塞，让自己很难堪。所以，如果没能理解对方话语的意思，或者对其观点有疑问，我们就要及时说出自己的疑惑。一般情况下，对方很愿意给予我们更清楚的解释。这样，我们就可以理清有些混乱的思路，更好地倾听后面的谈话。而且，这样的提问会让对方知道我们听得很认真，对他的话很感兴趣，他会有遇到知己的感觉，愿意与我们交往。

此外，需要注意的是，当我们认真去听别人说话的时候，可能免不了会有一些感到无聊的时刻，让自己心生疲惫。即便如此，我们也不应该生硬地打断他的谈话，或突然插进一句话，转移话题，这是没有修养的不礼貌行为，会让对方反感。我们可以委婉地提醒对方时间不早了，表现出希望再约时间进行交流的意愿。这样，既不会对对方的自尊心造成伤害，也可以为下一次约见找一个合适的理由。

第五章 如果不是坚持信念，人生不会创造传奇

俗话说，人活一口气。而这口"气"我们也可以理解为信念。换句话说，一个人，只要持有坚定的信念，就没有做不成的事，就没有创造不了的传奇。因此，不管在什么时候，处在什么样的困境之中，我们都应用自己的毅力走出生命的谷底，创造人生的辉煌。哪怕当你认为自己已经筋疲力尽时，也要暗暗地激励自己：胜利就在不远的前方，只要坚持到底，就能创造奇迹。

◎ 半途而废，才是真正的失败

一位培训师在一次培训课堂上对学员们说道："人的成功有两个重要的因素，一个是好的习惯，一个就是不断坚持下去的毅力。"

我们都渴望成功，但结果往往是只有极少数人站到了成功者的队伍中，大多数还是身居平庸者的行列。之所以如此，根本的原因在于前者做到了坚持，坚持，再坚持，而后者多是遇到困难就退缩，半途而废。

因此说来，若想成功，其中必不可少的一个因素就是不断地坚持，只要不断地坚持，就终会有看到希望，迎接曙光的一天。

美国海关进行了一次拍卖会,拍卖的是一批刚刚被截获的走私自行车。

每次当拍卖师叫价的时候,一个坐在前排的十岁左右的小男孩总是先叫道:10块。当然,别人并没有因为他出了10元,而放弃竞争,小男孩只能眼睁睁地看着别人用20块、30块的价格把一辆辆崭新漂亮的自行车拍走。

拍卖师渐渐地注意到了这个每次只叫价10美元的小男孩,于是在中场休息的拍卖师走到小男孩面前问他为什么每次只出10元。小男孩不好意思地挠了挠头,说自己只有10元。

拍卖会继续进行,小男孩每次仍然只叫10元,每次也都看着别人把一辆辆亮晶晶的自行车推走了。终于轮到了最后一辆自行车,这是拍卖会上最好的一辆自行车——车的前排有两盏灯,全自动的刹车和可多档变速的车身在灯光下闪闪发光。

拍卖师开始叫价了,不过小男孩却沉默了下去,现场静悄悄的,没有一个人应声。拍卖师叫第二遍了,还是没人应价;第三遍,那个小男孩这时也几乎绝望了,他看着那辆全场最好看的自行车最终还是小声地叫了出来:10块。

全场的人都听到了,拍卖师把锤子重重地敲下去,大声地说:如果没人再叫价的话,这辆多变速的自行车就属于这位身着短裤的年轻小男孩了。

顿时,全场响起了雷鸣般的掌声……

成功励志大师陈安之说:"成功者只占3%,普通人占97%。"这两者之间最大的差别是——前者习惯了坚持,后者习惯了放弃。

其实,我们在面对困难时,也可以像小男孩一样,坚定地走自己的道路。这样,成功和喜悦一定会属于我们!

相信自己的选择,坚持走自己的路,不要半途而废,这就是人生的一种境界。

100多年以前,一艘英国商船因为触礁而沉没于马六甲海域。

这艘船是从我国广州港驶出的一艘货轮,上面装满了名贵的丝绸、瓷器及珍宝。

前些年,一位名叫鲍尔的人偶然从一份资料上得到这个信息后,下定决心打捞这艘沉船。这对于任何一个人来讲,都是十分艰难的任务,当时很多人也认为鲍尔会中途放弃。

但是,鲍尔却出人意料地坚持在深深的海底摸索了漫长的8年,总共探索了近70多平方公里的海域,而结果是:他找到了这艘沉船。

找到沉船只是迈向胜利的第一步,接下来的工作更是艰难。因为打捞的耗资是巨大的。打捞工作刚开始了30天,就花去了几万元。鲍尔的两位最初的合伙人认为无望相继离去,其中有一位好友,几次加入又几次离去,并一次次地劝说鲍尔放弃这"疯狂"的念头。可是,鲍尔却一直坚持了下来,他坚决不放弃这次打捞。终于在坚持了许多天之后,鲍尔迎来了成功的这一天。

事后,当鲍尔接受记者采访时说,曾经自己也有过放弃的念头,每一次精疲力竭地从海底潜回时,他都想永远不再下去了。但是这种念头瞬间闪过之后,他又为自己注入新的动力,强迫自己坚持了下来。

鲍尔打捞沉船的勇气令人敬佩,但更让人敬佩的,还是他没有中途退却,一直坚定不移地坚持下去的精神。正是因为有了坚持,鲍尔才历尽千难万险，实现了自己的目标。

其实，做任何事都离不开坚持这一成功所需要的基本素质，只要一次又一次地坚持下去，那么成功就会向我们走来，相反，哪怕只有一次轻易地放弃，失败就会悄悄地跟随着我们。

在艰巨的任务面前，有的"聪明"人善于走捷径，一旦发现走不通就会换一条路，结果换来换去，几十年都没能走完一条路。忙忙碌碌了一生，到头来还在路上。

中学课本里有个"愚公移山"的故事，故事中的愚公和他的儿孙们搬走了一整座大山，他所具备的正是坚持的毅力和精神。著名作曲家贝多芬坚信耳聋也能听到美妙的音乐，为此他坚持创作，终成一代音乐大师。看得出，这些人都是选定了自己的路，然后坚定地走下去，并没有因为遇到困难而半途而废。

因此，只要我们不放弃，随时完善自己的不足，看准了方向，坚持走下去，那么终有一天我们会不经意地发现，成功已经向我们款款走来。

◎ 坚忍不拔，是成功的金钥匙

有人认为，实现梦想靠的是运气，是背景，或者其他。但实际上，梦想最需要的并非这些，而是持有梦想者坚忍不拔的毅力。

被称为章炳麟门下"四天王"之一的吴承仕先生说过这样一句话："学习这件事不在乎有没有人教你，最重要的是在于自己有没有坚持下去的恒心。"

为学如此，做人做事亦然。

我们可以想想看，很多时候，我们无法实现自己的梦想，与成功失之交臂，是因为我们智商低吗？是因为我们运气差吗？答案多是否定的，最根本的原因是因为我们缺乏坚忍不拔的毅力。

对于这一观点，军事家拿破仑用他的一句话做出了精辟概括："达到目标有两种途径——势力与毅力。势力属于少数含着金钥匙出生的人，而毅力则属于所有坚忍不拔的人。"

可以想见，就算一个人没有显赫的家世，没有大把的金钱，但是只要他拥有坚忍不拔的毅力，他也照样可以让自己步入成功者的殿堂，因为坚忍不拔本身就是一把开启梦想之门的金钥匙呀！

> 坚忍不拔是我们一生中最重要的品质。

作为第七届国家马拉松赛的冠军，罗塞尼奥在接受记者采访的过程中，被一位记者问道："马拉松是一项考验耐心的运动，是什么力量支持你坚持到最后的呢？"

罗塞尼奥没有直接回答记者的提问，而是向记者讲述了一个关于自己的真实故事：

在罗塞尼奥上中学的时候，他参加了一次学校举办的10公里越野赛。刚开始，罗塞尼奥跑得非常轻松，然而过了一段时间，他开始感觉有些体力不支，越来越跑不动，此时，罗塞尼奥非常想停下来歇一会儿，喝口水再继续跑。

正在这个时候，一辆学校的巴士开了过来，这辆校巴专门负责接送那些跑不动的学生。当时，罗塞尼奥很想跳到车上，但是他看了看脚下的路，终于忍住了。

又跑了好一段时间，他感到汗水已经滴进了眼睛里，心脏剧烈跳动，两条腿就像灌了铅一样，想停下来休息的欲望越来越强烈，而正在这时，第二辆校车开了过来，罗塞尼奥再次压制住跳上车的欲望，继续前进。当他跑到一个小山坡的时候，已经觉得眼冒金星，两条腿好像不再属于自己了。眼前这个小小的山坡对于他来说，简直就是珠穆朗玛峰，他彻底绝望了。

因此，当第三辆校车开来的时候，他丝毫没有犹豫，跨了上去。然而令人意想不到的事情发生了，校巴开过小山坡，拐了个弯就到了终点。当看到终点的那一刻，年轻的罗塞尼奥别提有多后悔了，他想，如果自己再有毅力一点，再坚持哪怕一分钟，来个终点冲刺，就能凭着自己的力量，越过山坡，到达终点。

正是因为这次的经历，在以后的每一次比赛中，每当罗塞尼奥觉得自己筋疲力尽快要放弃的时候，他就不断地给自己打气："兄弟，要坚持，要有毅力，前面也许就是终点了。"

就这样，罗塞尼奥一直跑到了世界冠军的领奖台上。

其实人与人之间的差距并不大，那些在各个领域卓有成效的人，往往是有着坚忍不拔的毅力的人。甚至我们也可以说，成功并不是什么遥不可及的事情，把自己经营成好品牌也并不困难，如果你想要达到你预定的那个目标，实现你的理想，那你就应在日常生活中有意识地培养自己坚忍不拔的毅力。

美国华盛顿山上有一个石碑，上面的内容告诉人们，这里曾经是一个女登山者死去的地方。而这位女登山者苦苦寻觅的"登山者小屋"，就在距离她不到100米的地方，如果她有足够的毅力，能多走一百步，就能活下去，然而她却放弃了。

不管是女登山者，还是年轻时的罗塞尼奥，我们都为他们体会到一种遗憾。然而，我们自身又何尝不是时常陷入这种缺乏坚持的懊悔当中呢？其实，人的潜力是无穷的，只要有坚持到最后的恒心和毅力，就会发生奇迹，那些潜藏在我们体内的潜能就会被唤醒，引领我们走出当下的困境，走向成功。

所以说，不管在什么时候，处在什么样的困境之中，我们都应用自己的毅力走出低谷，赢得人生的辉煌。当你认为自己已经筋疲力尽时，不妨暗暗地激励自己：胜利就在不远的前方，只要坚持到底，就能创造奇迹。

请相信，当我们多了一分毅力，多了一分坚持，那么我们就多了一分成功的可能。所以，在日常生活中，我们要有意识地培养自己坚忍不拔的毅力，面对困境咬牙挺过去，这样我们才能如愿以偿，摘得胜利的桂冠。

◎ 成功=心怀梦想+坚定信念

小的时候，我们时常被问到"长大了要做什么呀"一类的问题，其实这是大人们在"试探"我们的梦想。

长大后，有的人忘记了曾经的梦想，有的人虽然记得，但因为遇到阻碍便退缩了，只有少部分人不但坚持了梦想，而且怀着强大的信念让自己实现了梦想。

不用问，我们都希望自己能成为后者中的一员。可是，我们是否具备这样的素质呢？

　　看看古往今来，有梦想并且坚持梦想的信念在每一个伟大人物身上都得到了完满的体现。正是由于持之以恒地坚持梦想，才让人们实现了一个又一个目标，创造了一个又一个辉煌。"长风破浪会有时，直挂云帆济沧海"让我们看到了伟大诗人李白的梦想所在；"老骥伏枥，志在千里；烈士暮年，壮心不已"道出的则是一代枭雄曹操的梦想；抗金英雄岳飞则用"壮志饥餐胡虏肉，笑谈渴饮匈奴血"来抒发自己的雄心壮志……

　　没有梦想就没有方向，如果仅有梦想，而没有信念，则相当于一部汽车有前行的方向，却没有足够的汽油。所以，要想让梦想成为现实，我们不但要有目标、有方向，更要有驱使自己前进的信念。

　　20世纪90年代中期，马云带着几个弟兄开创了中国第一个商业网站，推出了中国第一个商业网页——中国黄页（chinapage.com）页面。

　　然而，就在中国黄页草创时期的1995年的4~12月，是公司最艰难最凄惨的时期。当时，虽然许多海外华人因为第一家中国人的主页的诞生而感到兴奋，但是中国黄页在国内业务的开展却是另一回事。

　　马云和弟兄们采用了"兔子先吃窝边草"的策略，几乎所有的朋友的公司和企业都被他们当成了推销这款看不见摸不着的产品的目标。

　　可是，朋友毕竟是有数的。后来，他们只能把目光转向常规客户了，但此间的突破遥遥无期。

　　当时互联网在中国还是个新鲜玩意儿，压根儿没几个人知道。故此，马云和创业伙伴们不得不承担起宣传

> 成功不是属于有才能的人，而是属于有梦想的人。只有我们心中始终被梦想填满，我们前进的步伐才会更加坚定，才不会在一次次跌倒中颓然不振。

和普及互联网的重任。可是资金有限,拿大把的钞票去做广告是不现实的,于是他们就一家一家地演示游说。

或许这种做法在今天看来很"笨",或者说马云他们简直是异想天开。但是往往赢得胜利的多是那些"第一个吃螃蟹"的人,尤其是那些为了"吃螃蟹"坚持不懈,不放过任何机会的人。

马云正是这样的人。为了宣传互联网,他从不放过任何机会,也不管时间和地点。曾有一位朋友讲过,他在杭州的大排档里见到马云,此时的马云喝得有点醉,手舞足蹈,向身边的市民大侃互联网。朋友说起此事,马云毫不在意地说:"我有一副天生的好口才,为什么不能在大街上宣传我的公司?"

马云像着魔一般宣讲互联网。逢人就讲,无处不讲。

精诚所至,金石为开。终于,经过马云一连数日不知疲倦地奔波,他们终于拿回了第一单生意——一家民营衬衫厂付的,虽然只有1.5万元,可这毕竟是中国黄页业务的第一次真正意义的突破。它第一次向公司三个创始人证明马云臆想出来的这个史无前例的商业模式也许有戏。

但是,局面并没有从此一下子转好,以后的每一单依然步履维艰。

有一家杭州的企业,老总在听了他们的演说后,认为电子商务是骗人的东西。为了拿下这家的生意,马云一连跑了五趟。为了说服这位老总,马云为他收集了大量有关电子商务的资料,一遍又一遍向他讲解电子商务是一种新型商业模式,在网上做广告比在其他媒体上做有更广泛的效应。可是,任凭马云费尽口舌,这位老总还是不能完全相信。在这块难啃的骨头面前,马云依然选择了坚持。在他离开这家企业时,向老总要了一份该企业的宣传材料,几天以后马云带着一台笔记本电脑又杀了回来,当企业老总看到了电脑上显示的自己企业的网页时,悬着的心终于放下,同意了付款。

　　一段时间过后,中国黄页开始推行代理制。按照此前签订的协议,代理金是不能退的。但有的代理商交了钱后没多久又往回要,马云还是全部退还了。

　　代理商讨要代理金,说白了,也是不看好中国黄页,不相信马云。

　　但马云坚信自己能成功,当时的黄页团队也相信马云能成功。

　　信心来自信念和眼光,而长远的眼光并不是人人都具有的。

　　看到马云义无反顾地做互联网,有人说他太超前了,也有人说他这样一个网络先锋必须付出相应的代价。

　　马云用无限的真诚和不辞辛苦地义务宣传,换来的却是"骗子"的骂名。

　　不过是金子终归要发光的。当然,这里的"金子"我们可以理解成马云,也可以理解为他的"互联网"。事情终于在1995年的8月有了转机。

　　那一天,在西子湖畔一间普通的民房里,马云找来一台486笔记本电脑,找来了望湖宾馆的老总,找来了杭州明珠电视台的记者;马云让记者把摄像机对准电脑,然后从杭州打长途到上海联网,三个半小时以后,终于从网上调出了望湖宾馆企业的主页……

　　对于在场的人们尤其是对于马云来说,这是何等漫长的三个半小时啊!

　　客户兴奋了,来宾兴奋了,记者兴奋了。但最兴奋的还是中国黄页的创业者,经过四个月的煎熬,他们终于从网上亲眼看见了自己的网页!

　　顿时,委屈和幸福的泪水在他们的脸上,在他们的心里开始流淌。至此,马云也终于洗去了骗子的罪名。

　　故事有些长,但是和马云创业之初为梦想而战的点点滴滴比起来,已

经是"简言之"了。看完这个故事，我们大概领略到，马云用他的行动向人们证明了：只要坚定不移地按照自己既定的方向走，永不言弃，就有实现梦想的那一天。因为有梦想，因为有信念，所以不放弃，所以取得了成功。这就是马云的创业故事带给我们的启示。

诚然，梦想的具备对我们来说或许不是难事，但是在实现梦想道路上，却常会遇到各种困境和挫折。在挫折与困境面前，有的人可能因此萎靡不振，认为自己低人一等；有的人可能发挥自己的聪明才智想方设法克服解决。这其中的关键就是看他对待这些困难和挫折的态度，以及是否具备战胜困难的信心和勇气。

这份信心和勇气其实就是促使我们实现梦想的信念，它们好比是支撑房屋坚固不倒的大柱子，撑起了我们精神领域里广阔的天空。它们还像一缕阳光，驱散了因为失败而迷失的我们眼前的阴影。

是的，因为梦想和信念，让我们具备了战胜一切挫折的勇气，我们的内心会因此而发出强烈的呼号：没有什么能将我打败，没有什么会把我击垮！一位西方国家的首脑曾对该国的青年们说："每一次经历都在塑造你。我只能坚定信心，保持积极的态度。人生最重要的是要在逆境中坚持下去。"

诚如其所言，只要我们胸怀梦想，并坚定信念，保持积极的态度，就没有什么艰难险阻能把我们阻挡，我们将会有取之不尽、用之不竭的力量！

◎ 向前看，机遇或许就在下一秒

在一个纪录片里，有着篮球飞人之称的乔丹对着镜头说道："我曾经被罚球 1800 次，腿伤、肩伤、关节痛 3300 次，投篮未中 9900 次……但是我坚持下来了！"著名的成功学培训讲师陈安之也说："你只要重复不断地思考事情，并且相信它，它都可以变成真的。"无独有偶，国际影星史泰龙在拍第一部电影之前，曾被各个电影公司拒绝了 1855 次，人家给他的答复都是他不是当演员的那块料。

诸如上面三位这样卓越的人物，都有一个共同的习惯，那就是坚持。很多事情的失败，并不是因为当事者自身能力的缺陷，而是因为我们没有坚持到最后一步。

多年前，美国的一所园艺所贴出一份启事，内容是高额征求纯白金盏花。很多人看到令人心动的数字纷纷趋之若鹜。可是，很多年过去了，由于这种花配置难度太高，一直没有人成交。

突然有一天，园艺所意外地收到一封信，随信一同寄来的还有一粒纯白金盏花的种子。

原来，这封信是一位十分热爱花卉的老妇人寄来的。当年，看到那份启事后，她种下了一些最普通的种子，精心侍弄着。

一年之后，金盏花盛开了，老妇人从那些金色的、棕色的花中挑选了一朵颜色最淡的，任其自然枯萎，以取得最好的种子。

第二年，她又把它们种下去。然后，再从这些花中挑选出颜色更淡的花的种子栽种。

就这样日复一日，年复一年，春种秋收，周而复始，老人的丈夫去世了，儿女远走了，生活中发生了很多的事，但唯有种出白色金盏花的愿望在她心中根深蒂固。

终于，很多年后的一天，她在那片花园中看到一朵金盏花，它不是近乎白色，也并非类似白色，而是如银如雪的白。她顿时惊喜万分：这不正是那家园艺所征求的花吗？

至此，一个连专家都解决不了的问题，经过一个老人长期的努力，最终给解决了。

为了一粒种子，坚持不懈努力很多年，这需要怎样的毅力，恐怕是常人难以想象的。但是，一个老妇人却做到了，她用超强的耐心矢志不移地追求下去，最终收获了奇迹。

因为坚持，刘禹锡历经了"二十三年弃置身"的悲苦后，终于修炼成"出淤泥而不染"的清莲；因为坚持，苏子瞻，身陷"乌台诗案"而坚持写出"老夫聊发少年狂"；因为坚持，柳永全然不顾衣带渐宽，而流下了千古佳话。因为坚持，才使得曹雪芹举家食粥却写下了不朽的红楼梦……古往今来的圣贤们用他们的亲身经历告诉我们：坚持，唯有坚持，才能创造奇迹，才能收获成功！

对于大发明家爱迪生我们都不陌生，他的成功同样离不开"坚持"带来的力量。

> 养成坚持不懈的习惯，要善始善终，更要经常磨炼，是一项长期而艰巨的任务。

在研制白炽灯时，爱迪生尝试了上千

种材料，但是均以失败而告终。爱迪生遭到很多人嘲笑，有人说："你永远不会成功的，别费劲了。"

但是，爱迪生却不为所动，他沉下心，坚持废寝忘食地进行研究。终于，他成功研制出世界上第一枚电灯，给自然界带来了光明。

除了电灯，还有一项让爱迪生在发明过程中遇到困难最多、耗费时间最长，那就是蓄电池。整整15年的时间，在历经5万多次失败后，爱迪生才将蓄电池研制成功。

其间，很多人都劝他不要尝试了，特别是看到无法计数的失败后，人们替他感到沮丧。可爱迪生自己却不以为然，他乐观地说："我想，'自然'它并不是无情的，它一定不会永远深藏着蓄电池的秘密。"

终于，爱迪生成功了！他的蓄电池，被用于火车、轮船上，成为发电厂的电力，甚至直到今天人们还在使用这种蓄电池。

看得出，如果没有5万多次的坚持，我们至今或许还用不上蓄电池。的确，能够像爱迪生这样将一件事情坚持到底，是着实不易的，也不是一般人能够做到的。对于这种坚持跑到终点的人，我们都应该向其竖起大拇指，同时更要学习他们这种劲头。只有这样，我们才不会成为一个毫无建树的平庸之人。

"锲而不舍，金石可镂。"任何豪言壮语都恰似漂浮天空的云雾，只有坚持才是迈向成功的基石。

◎ 你离成功只有一步之遥

每一个成功的人都有这样的认识，获取成功并不是一件简单的事情，它需要不断地付出艰辛的努力。只要能够坚持，只要不屈不挠，其实距离成功只有一步之遥。

前英国首相丘吉尔曾说，要看到日出，就要坚持到拂晓；要看到成功，就要坚持到最后。成功的秘诀就在于坚持。著名剧作家莎士比亚也说："千万人的失败在于做事不彻底，往往离成功还差一步便终止不再做了。"

以上二人的话都说明了，一件事的成功与否，往往并不在于力量大小，而在于是否能坚持到最后一步。在某一段路上行走，越到最后越是难走，但这最难走的最后一段路恰恰也是最关键的一段，因为，也许你的下一脚，就会迈到成功的彼岸。可惜，不是所有人都能坚持到最后。总是有人在第九十九步时放弃，从而导致功亏一篑。

可见，这种万事皆备，只差最后一步的做法，是十分不划算的，这就相当于吃一块中间夹着奶油的苦面包，你把所有苦头都吃尽了，等到终于有甜头可以吃时，却不敢再继续咬下去。

1952年，世界著名的游泳健将弗洛伦丝·查德威克，一鼓作气地从卡德林那岛游到了加利福尼亚海岸。为了再创纪录，在多年后的一天，她开始横渡英吉利海峡。

那天是大雾天气，在海里已经泡了15个小时的她，看不清自己距离海岸还有多远，忍不住想要放弃了，在脸已经冻得发僵时，她向一直伴随着自己前行的游艇喊道："快拖我上去吧，我实在坚持不住了。"

小艇上的人鼓励她说："再坚持一下吧，离海岸只有一英里远了。"

但当时四周一片白茫茫，弗洛伦丝全身一阵阵发寒，她看不清海岸，甚至看不清小艇，她以为小艇上的人在骗她，便再三请求拉她上去。

最后，筋疲力尽、全身发抖的弗洛伦丝被拉上了小艇，但很快，她就发现小艇上的人并没有骗她，离海岸真的只有一英里远。

几天后，弗洛伦丝告诉记者："如果当时我能看到海岸，或者相信'离海岸只有一英里远'的劝告，我就一定能游到终点。但那天雾太大了，我什么也看不到，这让我放弃了坚持到最后一步。客观地说，阻止我成功的不是浓雾，而是我内心的疑惑。"

两个月后，弗洛伦丝再次尝试游向加利福尼亚海岸。那天依旧是大雾天气，海水也依旧冰凉刺骨，身处一片白茫茫中的弗洛伦丝暗暗告诉自己，这次无论如何也要坚持到最后。又是十几个小时过去了，被冻得嘴唇发紫的弗洛伦丝坚持不懈地向前游着，虽然看不见海岸，但她相信，海岸就在不远的前方。

最终，她成功了。她告诉身边的人：要想让梦想变成现实，首先就得相信这个梦想一定会实现，并且，你要为了梦想坚持到最后一步。

> 运气人人都会有，但上帝没有告诉你它具体的到来时间。有些人运气到得早一点，煎熬少一点，有些人运气到得晚一点，也更辛苦一点。

没错，要想实现梦想，获取成功，我们就必须坚持到最后一步。尽管在实现梦想的道路中，会出现各种各样的挫折，但拦住我们的不是这些表面上的"拦路虎"，而是我们内心的恐惧。如果我们能打败我们的怯懦，沿着自己的既定目标一路走下去，就一定会走到胜利的终点。

因此，我们不要轻易说，自己已经尽力。看看曾经站在同一起跑线上的人，他们是不是已经远远把你落下，如果有人走在你的前方，你就应该相信你也可以再多走一步，再多试一次。也许，仅仅是这一步，就让你悄然蜕变。

一位叫凯文·理查德的年轻人因为一次意外，被学校开除。

为了生存，他不得不跑到得克萨斯油田找了一份工作。工作一段时间后，他渐渐对野外钻探业产生了浓厚的兴趣，立志当一名独立的石油勘探商。

当腰包里攒了几千美元后，凯文·理查德就真的去租赁设备，钻井取油，但很遗憾，他第一次钻井就挑到了一口枯井。

不过，这并没有打消凯文·理查德心中的理想。在接下来的两年中，每当攒下一部分钱，他就去钻井。两年多的时间里，他打出了29口油井。可是，上帝似乎喜欢和他开玩笑，这些井全部都是枯井。

尽管如此不顺利，凯文·理查德还是在坚守着自己的理想，他在自己的理想之路上艰难前行。可是，直到年近四十，他还是一无所获。

在痛定思痛后，凯文·理查德专门去攻读了地质结构、油层模型以及其他方面的地质学知识，以期提高钻井的成功率。在理论知识的帮助下，他又租来一块地皮进行再一次的钻探。

这一次，凯文·理查德的脚下不再是枯井，而是巨大的油藏。

凯文·理查德用坚定的信心战胜了"枯井"，找到了油藏。如果他在第

29次打出枯井后放弃，那么他将永远无缘后来的油藏。但是可喜的是，他迈出了这一步，最终找到油藏，也找到那个叫"成功"的宝贝。

《战国策》中有诗曰："行百里者半九十"，就是告诫世人末路很艰难，一百里路，走了九十里，只能算一半，人们要用充沛的精力，一鼓作气将剩下的路走完。走同一段路，成功者与失败者最大的区别，或许就是前者坚持不懈地把路走完了，而后者却在最后几步泄气了。

客观地说，凯文·理查德在生意场上遭受的失败不比任何人少，但他一直坚信，也许下一次，挖到的就不再是枯井。正是这种"再试一次"的信念，让他最终获得了石油，他开采出来的石油也源源不断地为他积累财富。

诚然，通往成功的路上总是密布着众多的荆棘，失败不可耻，失败了不敢继续向前才是真正的可耻。请审视一下自己，看看自己因绝望和艰难而停步时，是不是真的无法再向前走一步。无论答案是怎样的，我们都要告诉自己，再试一次，就让自己多了一次成功的机会。只有再试一次，再跨出一步，我们才能超越自我，迎来梦想实现的那一刻。

◎ 身处困境，也不要失去信心

困境当头，有的人抱有信心，并采取行动突破困境，有的人畏缩不前，对前景忧心忡忡。

那么到最后，哪一种人能屹立时代潮头，成为众人瞩目的焦点呢？答案当然是前一种人。

不是有这样一句话嘛，努力了不一定成功，但不努力一定不成功。其实，面对困境的态度，同样是考验我们是否肯努力，是否在努力。

智者告诉我们："人可以通过改变自己的心态去改变自己的人生。"换句话说，我们有什么样的心态，就会有什么样的生活方式，就会有什么样的心情。只有拥有好的心态，才会有好的心情，有了好的心情，才就会用心做好身边的每一件事。

那么，什么叫好心态呢？简单说来，就是正确认识人生、认识自己。要知道，生活是不可能按照我们的意愿去进行的。有时候，我们认为明明应该是这样的，可事实往往是另一个样子，这就是生活。所以，好的心态就应该是不以自己为生活的坐标，接受现实，改变自己。只有这样，我们才能享受生活，感受幸福。

刘熙梅从4年前毕业后，就来到现在这家规模较大的地产公司工作了。这4年里，刘熙梅从最开始的业务员做到了现在的业务经理，每个季度的业绩都是全公司的前三名。

由于她出色的表现，深得老板的器重，同事们有难办的客户也都习惯求助于她，手下的员工们也尊重她，这使她的人气很高。

在刘熙梅看来，这个季度的区域经理人选非她莫属了。她所在的公司人事升迁制度是内部升迁，按业绩排名和综合成绩择优挑选。也就是说，刘熙梅现在的级别是业务经理，如果顺利的话，按照她的业绩，这个季度她就可以升任区域经理了。

因此，自从升迁的消息传出来之后，刘熙梅就感觉同事们都在有意奉承甚至是巴结她，她自己为此也有些得意扬扬，毕竟还不到30岁，如果能做到区域经理，在这家公司还是破天荒的事。

很快，人事部让她去领取业绩考核单了，并且让她核实了自己的个人资料。看来，马上就要宣布任职通知了。想到这里，刘熙梅不禁高兴得心花怒放。

可是，让刘熙梅乃至所有人没想到的是，升任区域经理的居然是另一个人，大家都不明白为什么理所当然的刘熙梅落选了。得到这个消息后，刘熙梅的情绪开始急转直下，强烈的挫败感让她觉得难以在这家公司再工作下去了。

看得出，刘熙梅在工作方面是个很优秀的女子，可是就因为习惯了这种优秀，让她难以接受出乎意料的挫败。

可是，我们再想想，生活中这样的事岂不是很多见吗？很多事看上去是理所当然的，是必然的，于是人们就理直气壮地去主观判断、下结论，然后按照自己主观的想法去行事。这样做的结果往往是到最后出现出乎意料的情形，事情没有按照自己的认识、意愿和判断去发展，甚至是朝着完全相反的方向发生了。这时候，大多数人都是无法坦然接受这样的事实甚至是打击的，于是就影响了自己原本的积极的心理状态。

其实，在现实生活中是没有所谓的"想当然"的事情的，每个人的人生都有很多的路要走，但不管你走的是哪一条路径，困难、艰苦与其他意想不到的局面都可能会出现，都不会以我们的意志为转移。

> 没有不遭遇困境和麻烦的人，面对困境和麻烦，也不要失去信心。只要走出黎明前的黑暗，终会迎来一片阳光灿烂。

因此，我们不能对生活下定什么结论，不能把自己置于一个注定、安稳的想象环境下，更重要的是也不必动辄改道或临阵脱逃，唯有坚持下去，才能建立起坚强的信心，获得最后的胜利。假如在一件事情上我们已经付出了很多努力，那么即使遇到困境，即使暂时的结果和我们的想象和期待大相径庭，我们也不应轻易放弃，也要坦然面对。只有这样，我们才不会前功尽弃，才不会在黎明前的黑暗中倒下。

◎ 只要坚信，一切都还来得及

"完了，完了！"这是一句在我们耳边出现频率颇高的口头禅，说不定你我也包含其中呢！

确实，很多人在遇到不如意的时候，就会心生懊恼，情绪烦躁，不自觉地就喊出这句"完了，完了"。

那么，这样的做法能对最终的结局产生什么作用呢？不客气地说，只会让情况变得越来越糟，从而使自己真的"完了"。

其实，所有的事情都没有绝对的好和绝对的坏，就如前面章节中我们提到过的"塞翁失马"，谁也不能确定一件"好事"必定是百分百的好事，同样，谁也不能认为一件"坏事"就完全是坏事。

实际上，多数时候，事情的好与坏就在于我们的内心相信什么，是以绝望的心态来看待还是以希望的心态来看待。也就是说，好事情与坏事情只在于我们的一念之间。

王晓宇和路青鹏都效力于某机械公司。由于公司经营不善，必须要裁掉一部分员工。其中，王晓宇和路青鹏都被列入了解雇名单里，一个月后离职。

两个人都算得上公司的元老级人物了，这次被解雇主要是由于他们学历比较低，而且年纪也大了。

当得到这一消息的时候，王晓宇心里很是绝望，他不知道下岗后的自己将来还能不能找到一份养家糊口的工作，为此他非常伤心，逢人便说："这下我完了，我在公司待了这么多年，居然不等我退休就把我开除了，我以后可怎么过啊！"不但不停地唠叨、诉苦，王晓宇还把气撒在一起共事的年轻同事身上，工作起来也不像以前那样认真，而是敷衍了事。

同样被列入解雇名单的路青鹏也非常难过，但是他的态度却和王晓宇大不一样。对于工作，路青鹏的想法是：没什么大不了的，现在自己年纪大了，学历又不高，公司经营也不景气，自己还是把位置留给年轻人吧。再说，自己也可以好好休息一下。

不仅如此，路青鹏还觉得自己应该珍惜最后这一个月的时间，要站好最后一班岗。因此，他尽量地把自己的一些经验传授给年轻的小同事，而且在工作上一点也不马虎。

转眼一个月的时间过去了，令众人没想到的是，王晓宇因工作做得糟糕而按期离职，而路青鹏却被老板留了下来，还提拔他做了部门副经理。

对此，老板给出的理由是："像老路这样忠于职守，对工作认真负责的员工，正是公司需要的，我最欣赏的，我怎么舍得他走呢？"

可见，什么事都不是一成不变的，那些消极的人总是绝望得最快，从而为失败埋下伏笔，而积极的人，凡事往好处想，结果自然是为成功做好了铺垫。故事中的王晓宇和路青鹏正是一反一正两个典型的代表。

有着"经营之圣"之称的日本著名企业家稻盛和夫曾说过："人生的

道路都是由心来描绘的。所以，无论自己处于多么严酷的境遇之中，心头都不应被悲观的思想所萦绕。"

因此，在面对生活中的所有问题时，我们都应当尽量往好处想。只有这样，我们的心才会豁然开朗，也只有心里那片天空晴朗了，我们才有力量创造条件，战胜接踵而来的问题。

在四川盆地某个小村庄里，住着一位快乐的百岁老人，他经常对别人说的一句话是："人的一生不可能什么事都随自己的心愿，既然已经发生的事实不可改变，那么你唯一能控制的就是自己的想法。我可以肯定地告诉你，凡事多往好处想，任何事情都是好的。"

有个因恋情和事业都不如意而到当地旅游的小伙子对于老人家的一番谈话很是诧异，便问道："假如您一个朋友也没有了，您会认为是好事吗？"

老人回答说："当然，我会高兴地想，幸亏我没有的是朋友，而不是我自己。"

小伙子笑了笑，接着问道："那当您走路时突然掉进一个泥坑，弄了一身泥泞，您会认为是好事？"

老人回答说："是呀，幸亏我掉进的是一个泥坑，而不是无底洞。"

小伙子又问："如果遭了车祸，撞折了一条腿呢？"

老人家说："大难不死必有后福，有什么不好呢。"

小伙子最后问道："假如您马上就要失去生命，您还会认为是好事吗？"

> 人生的道路都是由心来描绘的。所以，无论自己处于多么严酷的境遇之中，心头都不应被悲观的思想所萦绕。

"当然，我高高兴兴地走完了人生之路，说不定要去参加另一个宴会呢。"

老人的一番回答让这位年轻人如醍醐灌顶一般，他想想自己，虽然失去了一段美好的恋情，虽然还没有创立理想的事业，但是自己不是还有很多东西吗，比如硕士学历，比如年轻的身体，比如奋斗的勇气……

其实，正如这位老人话语中所透露出来的，世界上的很多事都是既有利也有弊的，事情本身无所谓好坏，全在于我们怎么去看。我们只有心怀希望，凡事多往好处想，才会发现自己所认为的坏的事情远没有曾经想象得那么糟糕。

俄国作家契诃夫写过《生活是美好的》的文章，在里面有这样一段文字："要是火柴在你的衣袋里燃烧起来了，那你应当高兴，而且要感谢上苍，多亏你的衣袋不是火药库。要是有穷亲戚到别墅来找你，那你不要脸色发白，而要喜洋洋地叫道：挺好，幸亏来的不是警察……"

契诃夫说得很对，那么我们仔细想一想自己的困惑，自己的遭遇，是不是觉得生活有所转变呢？

碰到不快乐，遭遇不顺利，我们与其绝望悲哀，与其愁苦自怨，倒不如换个角度，换个思维，凡事多往好处想，那么心情自然也就会跟着转变。如此，我们不仅可以将不幸所造成的损失或带来的后果降到最低，还有可能影响事物发展的方向，改变自己所处的不利处境。

当然，我们提倡凡事多往好处想，并不是告诉大家要盲目乐观，而是让我们学会以一种豁达乐观、相信自己的人生态度去面对一切的困难。只有抱有这样的态度，我们才能够把握人生的主动权，才能创造更加美好的明天！

◎ 心不变，一切就都不会变

"平静的生活是生命中最奢侈的状态"，一位颇具魅力的男演员在一次颁奖典礼上这样说道。这句话也深深地扎进我们每个人的心坎上。的确，谁都渴望平静如水的日子缓缓流淌，而不希望波澜起伏的风浪来打扰，但是生命似乎总是愿意和我们开玩笑，时不时就打破原本的平静。于是，平静便成了奢侈品。

难道我们就任由生活的风浪为非作歹吗？

也许你会说，那有什么办法呢，很多事情我们没办法控制呀？没错，客观的事物我们是没办法控制的，但是我们却可以控制自己的内心呀！倘若我们能做到"不管风吹浪打，胜似闲庭信步"，那么一切的波澜就难以引起我们心灵这片大海的浪涛了。

国内一所高校的美术学院举办了一次特殊的书画比赛，以平静祥和为主题，谁画出的画最能代表此意象，谁就赢。

比赛吸引了很多学生参加，学生们纷纷创作了作品拿去一比高低。在参赛的作品里，有的画静静流淌的小河，有的画日落时候的森林，还有的画清晨花瓣上的露珠。

院长一一看过所有的参赛作品后，只选出了两件作品来角逐。这两幅画中，一幅画的是一池清幽的湖水，湖周围是高山和蓝天，蓝天中随意地点缀着几朵白云，平静的湖边还坐落着一座小木屋，袅袅炊烟从房顶上升起；另一幅画的则是几座陡峭嶙峋的山，山峰孤傲尖锐，天空一片阴暗，雷电交加，暴风骤雨肆虐，充斥整个画面。

让人没有想到的是，院长最终把第一名颁给了第二幅画。大家非常疑惑，要说谁最能体现平静之意，乍一看，肯定是第一幅画，第二幅画完全就是与平静相反的意境。

当院长提醒大家仔细看第二幅画，大家这才发现，原来在那堆险峻的山石中，有个小缝，缝里有个鸟窝，窝里有只燕子，尽管周围急风暴雨不断，非常不平静，可那燕子却一直安静地蹲在自己窝里。

院长随后解释说："平静祥和，并不只是存在于没有噪声、没有艰险、没有挣扎的地方。即便身处逆境也能保持内心一片平静清澈的人，也能给我们以平静祥和之感，这同时也是宁静的真谛所在。"

看得出，这位院长对于人生的彻悟，有着很高的境界。他懂得，平静不是只有身处世外桃源时才能做到，更多时候，平静是我们的一种心态，是一种不被外界所打扰，坚守内心和自我的一种宁静姿态。

或许这样的姿态在顺境时很容易具备，但让我们常常难以控制的则是身处逆境的时刻，这时候，如果拥有不被困难和挫折所撼动的平静心态，我们才是真正的强者，才能尽快战胜磨难，走出困局。正如那句话说的那样："心不变，万物皆不变。"只要我们的心不变，任他外界如何纷扰，我们也不会为其所动，事情也渐渐会出现好的转机。

相反，假如我们没有保持住内心的平静，受到了撼动，那么我们很容易就会跌入失落、彷徨、不安、忧虑的深渊，

> 当烦恼悄悄来到我们身边，是因此而患得患失，内心起伏纠结，还是能从容淡定，临危不乱？只要平静面对，一切仍然都是原来的样子。

对生活失去了方向，甚至对自己的人生都失去了信心，整日活在患得患失的状态下，生活渐渐便会失去色彩。

一次，一位母亲在做饭时发现家里的酱油用完了，便吩咐十岁大的女儿去街边商店里买一瓶回来。在孩子出门之前，妈妈一再吩咐她要小心拿好酱油瓶，别把它给打碎，否则就教训她。

小女孩家离商店并不远，走路十分钟就到。她飞奔到商店买好之后，把酱油瓶紧紧地攥在手里往家赶。一路上，她都在想着临走时妈妈的警告，越想越紧张。她眼睛始终不离手中的酱油瓶，每走一步都非常小心，丝毫不敢东张西望。紧张焦虑的她突然觉得脚下的路变得异常地漫长，似乎怎么走也走不到家。

当她走到一个拐角处，就快到家的时候，拐角另一端突然冲出来一辆骑得飞快的自行车，小女孩被惊吓了一大跳，躲闪不及，手中的酱油瓶便滑落了出去，重重地摔在了地上碎裂开来，酱油也洒了一地。

小女孩沮丧地回到家把实情告诉了妈妈，妈妈非常生气，责怪她笨手笨脚。小女孩像泄了气的皮球，难受地抽泣起来。爸爸见状，便吩咐她再去买一次酱油。可是小女孩经过刚才的失败，已经失去了信心，觉得自己根本做不好这件事，不肯再去。

爸爸说道："你还记得那天在电视上看的走钢丝表演吗？其实那些人在走钢丝的时候是不看钢丝的。这次你去买，在回来的路上，眼睛不要总是盯着酱油瓶看，可以顺便看看路边的风景，回来告诉我你都看到了些什么。"

小女孩在爸爸的鼓励下决定再尝试一次。这次她听从爸爸的建议，一路上看了看路边的大树，在跳皮筋的小伙伴们，还有邻居姐姐手里牵着的可爱小狗。就这样，小女孩不知不觉中就安全到家，把酱油瓶完好地交到了妈妈手里。

虽然是发生在孩子身上的一个故事，但却是我们很多成年人的真实写照。当我们越是担心某件事的时候，越容易出差错，当我们放下那些忧虑，做到内心平静的时候，事情反而会朝着好的方向发展。

因此，不管外界给我们带来什么样的风雨，我们都应该尽量保持内心的平静，淡定去面对，才能让内心那份自信不被动摇。

◎ 有破釜沉舟的勇气，才能创造人生传奇

做一件事，我们常听到过来人的告诫：给自己留点退路，别光顾向前冲。

这种认识真的正确吗？

其实未必如此。有科学研究证明：当一个人处于危险境地的时候，身体就会分泌出大量的肾上腺素，这种成分可以让人在短时间内跑得更快，跳得更高，力量更强。

当我们为自己掐断退路的时候，我们就会有更大的前进的动力，也就有更多的成功的机会。"置之死地而后生"，说的就是这样的道理。

有一个人独自去沙漠中旅行，遗憾的是，他不小心迷失了方向。长时间缺乏饮水，让他饥渴难耐。

此时,他心里隐隐透出了绝望的情绪,不过他还是拼尽最后一丝力气向前走去。就在他快要撑不下去的时候,奇迹出现了,前方的一座小屋展现在他的视野里。这一点小小的发现让他重新充满了力量,以最快的速度走了过去。

进去后,他最希望看到的就是救命的水。可是,映入他眼帘的却是一台抽水机。不过这也足以让他为之兴奋了。

他走过去看了看抽水机,然后努力地抽水,可是怎么也抽不出水来。正在这时,他发现抽水机旁边有一个不显眼的小水壶,水壶上面贴了一张纸条,纸条上写着这样一行字:必须把水灌入抽水机,才能饮水!不要忘了,走的时候,请将水再次装满!

顿时,这个人心里开始打起鼓来,心想:如果能抽出水当然好,但要是没有抽出来,这瓶宝贵的水岂不是要白白浪费?这个房屋这么久没有人到来,不知道这里的情况是否有改变,如果自己将瓶中的水喝了,还能暂时解一下饥渴。

反反复复考虑了很久,这个人最终还是决定把水倒进抽水机里。因为他明白,即使带着这瓶水还是无法走出沙漠,倒不如把水倒进里面,说不定还能获得新生。

令他喜悦的是,没多久,抽水机里流出了清冽的水来。他不但痛痛快快喝了个够,还把瓶子重又装满水,然后放上那张纸条。随后,带足了水离开了。他顺利地走出了沙漠。

在他之后,又有一个独自到沙漠旅行的人,当迷失在这片沙漠的时候,也发现了这个小屋子,和先前那个人一样,他也注意到了饮水机和小水壶以及小水壶上的纸条。

但是这个人的想法却和前一个人大相径庭,他心想:这地方连个人影都看不见，谁知道这张纸条是什么时候贴上去的，万一是假的，那我岂不是真的要渴死了吗？

就这样，这个人在考虑一番后，最终决定给自己留一条所谓的"后路"，他没敢把水倒进抽水机做"引子"，而是带上那一小壶水离开了。最终，他未能走出那片沙漠。

同样是一片沙漠里的饥渴者，同样是面对一壶水，两种不同的想法造成了截然相反的结果。

诚然，我们在面临决策的时候，也常常产生迟疑不决的心理，但是，我们不能光想到眼前的一时之需，而应大胆地掐断所谓的后路，凭借自己的智慧和勇气大胆地奋力一搏。

现实生活中，那些没有胆量做出断决后路的人，虽然可以得到一些小的利益，但却失去了得到更多收获的可能；而那些有胆量去面对生活挑战的人，在进行一番考虑之后，总是大胆地进行抉择。因此，生活回报给后者的，往往是一个崭新的未来。

10年前，一位叫陈明甄的重庆女孩，由于高考失利，最终无缘"象牙塔"。她的父母觉得女儿主要是没发挥好，复读一年再考肯定没问题。但是，陈明甄没有接受父母让她复读的建议，而是只身前往福建厦门打工，不久后她在一家贸易公司做了业务员。

> 每个人都有着一定的潜力，而每个人的潜力却又都是充满弹性的。因此，只要我们敢于挑战，就很可能会产生出超乎常规的力量。

由于勤奋努力，又加上头脑灵活，几个月之后，陈明甄就取得了比大多数同事都好的业绩，深得领导的器重。碰巧赶上业务部经理要借调到分公司任职，而陈明甄就顺理成章地坐到了部门经理的位子上。这一干，又是两年过去了。通过几年的打拼，陈明甄在自己所从事的行业中站稳了脚跟，有了让别人羡慕的生活。

到了2006年初，陈明甄的一个朋友想约她一起创业，而且要回老家重庆，因为那个朋友也是重庆的。经过一番深思熟虑，陈明甄决定放弃目前看起来不错的工作。离职时，她这样跟老板说："老板，您当年也走过这样的一条路，所以才有了今天的成绩。所以，现在的我，也要拥有那种破釜沉舟的勇气，打造一段属于我的人生！"陈明甄的话感动了老板，老板欣然应允，让她回家乡创业。

到重庆后，陈明甄一天没有休息就开始寻找投资项目。终于在一名贵人的扶持下，陈明甄建立了一家网络传媒公司。公司里繁杂事务的忙碌并没有让陈明甄忘记给自己充电。她一边经营公司，一边在当地一所大学进修广告学。曾经期待中的美好感觉还未出现，公司经营中的各种问题却接踵而来。不到半年，她的网络传媒公司亏损严重，陈明甄也觉得筋疲力尽，甚至开始后悔自己当初的决定，打算放弃看不到光明的网络公司。

但是，经过半个月的休息和调整，那个打不垮的陈明甄又回来了。她想：既然自己喜欢广告这个行业，就应该不留退路地走下去！于是，她重新振作起来，先后到几家广告公司挂职学习。最后，陈明甄倾尽所有家资，在2010年10月，再一次创办了一家广告传播有限公司。这一次，她汲取曾经的经验，也吸收了曾经的教训，很快经营稳步进行，她的公司逐渐在同行业中站稳了脚跟。每当开公司例会，陈明甄看着朝气蓬勃的职员，常会感叹："要想真正地获得成功，你就应该破釜沉舟、不留退路地走下去！"

我们常说"有压力才有动力",像上述故事中陈明甄所采取这种破釜沉舟、不留退路的做法,正是在给自己施加压力,逼迫自己在财富的路上奋力前行的标杆。

其实,不管是谁,也不管有着怎样的机遇和背景,要想成就一番事业,都离不开一心一意、全神贯注地朝着既定的方向前进。因此,当我们在奔向目标的过程中产生惰性、害怕失败时,不妨为自己掐断退路,逼着自己全力以赴地寻找出路,只有这样,才能赢得出路,走向成功,收获属于自己的辉煌!